Ali Allaoui
Abdeslem Cherqaoui

Conception et organisation du service maintenance de la SCIF

AF281575

Ali Allaoui
Abdeslem Cherqaoui

Conception et organisation du service maintenance de la SCIF

Planification et organisation des travaux de maintenance

Presses Académiques Francophones

Impressum / Mentions légales
Bibliografische Information der Deutschen Nationalbibliothek: Die Deutsche Nationalbibliothek verzeichnet diese Publikation in der Deutschen Nationalbibliografie; detaillierte bibliografische Daten sind im Internet über http://dnb.d-nb.de abrufbar.
Alle in diesem Buch genannten Marken und Produktnamen unterliegen warenzeichen-, marken- oder patentrechtlichem Schutz bzw. sind Warenzeichen oder eingetragene Warenzeichen der jeweiligen Inhaber. Die Wiedergabe von Marken, Produktnamen, Gebrauchsnamen, Handelsnamen, Warenbezeichnungen u.s.w. in diesem Werk berechtigt auch ohne besondere Kennzeichnung nicht zu der Annahme, dass solche Namen im Sinne der Warenzeichen- und Markenschutzgesetzgebung als frei zu betrachten wären und daher von jedermann benutzt werden dürften.

Information bibliographique publiée par la Deutsche Nationalbibliothek: La Deutsche Nationalbibliothek inscrit cette publication à la Deutsche Nationalbibliografie; des données bibliographiques détaillées sont disponibles sur internet à l'adresse http://dnb.d-nb.de.
Toutes marques et noms de produits mentionnés dans ce livre demeurent sous la protection des marques, des marques déposées et des brevets, et sont des marques ou des marques déposées de leurs détenteurs respectifs. L'utilisation des marques, noms de produits, noms communs, noms commerciaux, descriptions de produits, etc, même sans qu'ils soient mentionnés de façon particulière dans ce livre ne signifie en aucune façon que ces noms peuvent être utilisés sans restriction à l'égard de la législation pour la protection des marques et des marques déposées et pourraient donc être utilisés par quiconque.

Coverbild / Photo de couverture: www.ingimage.com

Verlag / Editeur:
Presses Académiques Francophones
ist ein Imprint der / est une marque déposée de
OmniScriptum GmbH & Co. KG
Heinrich-Böcking-Str. 6-8, 66121 Saarbrücken, Deutschland / Allemagne
Email: info@presses-academiques.com

Herstellung: siehe letzte Seite /
Impression: voir la dernière page
ISBN: 978-3-8416-3129-9

DEDICACES

A mes très chers parents : qu'ils trouvent ici l'hommage de ma gratitude qui, si grande qu'elle puisse être, ne sera à la hauteur de leurs sacrifices et leurs prières pour moi ;

A mes frères : Abdelmjid et Karim, j'exprime ma profonde gratitude ;

A ma sœur : Fadoua, j'exprime ma profonde gratitude ;

A Abdeslem CHERQAOUI mon ami et mon camarade tout au long de mon parcours à l'ENSA ;

A mes chères amis : Younes HRIMOU, Abdelwahab BOUHLAL, Mohammed ELBOUKILI, pour tous les moments agréables et difficiles qu'on a partagées.

A tous mes amis et les gens que j'aime, qui ont cru en moi et m'ont soutenu.

Que Dieu le tout puissant vous préserve tous et vous procure sagesse et bonheur.

Ali ALLAOUI

2

A Dieu le tout puissant.

A mon prophète Mohamed, que la paix soit sur vous cher prophète.

A mes chers parents, en témoignage de ma gratitude, si grande qu'elle puisse être, pour tous les sacrifices qu'ils ont consentis pour mon bien être et le soutien qu'ils m'ont prodigués tout le long de mon éducation. Que dieu, le tout puissant, les préserve et leur procure santé et longue vie.

A mes deux sœurs : Saliha et Sara, je vous aime ;

A toute ma famille ;

A mes amis : pour tout les beaux moments qu'on a passé ensemble;

A ceux que j'aime et qui m'aime ;

A mes professeurs ;

A mon binôme Ali ALLOUI et à tous mes collègues ;

A tous les musulmans du monde : que la paix soit sur vous ;

Je dédis ce modeste travail

Abdeslem CHERQAOUI

REMERCIEMENTS

Nous ne saurions commencer ce rapport sans remercier tout d'abord Monsieur Hassan REBOUHATE, Directeur Générale de la Société Chérifienne de matériel Industriel et Ferroviaire, de nous avoir témoigné de sa confiance en nous confiant ce projet.

Merci à notre encadrant Monsieur El Hassan IRHIRANE, Professeur Chercheur à l'Ecole Nationale des Sciences Appliquées de Marrakech, pour ses conseils, son soutien et pour sa confiance en nous.

Merci à tout le corps professoral de la filière Génie Industriel et Logistique de l'Ecole Nationale des Sciences Appliquées de Marrakech pour la formation et le soutien durant notre cursus d'études à l'ENSA.

Merci à tous le corps administratif de l'Ecole Nationale des Sciences Appliquées de Marrakech pour les services qu'ils nous ont offert pendant notre formation.

Un Merci spécial et chaleureux aux agents de maintenance de la SCIF qui nous ont donné leurs savoir faire et leur conseils précieux.

Merci également aux opérateurs pour leur collaboration.

Merci à tout les responsables et à tout le personnel de la SCIF.

Et enfin Merci à tous ceux qui ont contribué de prés ou de loin à l'élaboration de ce travail.

ملخص

إتخذت الشركة الشريفة للعتاد الصناعي و السكك الحديدية إستراتيجية إعادة بناء موجهة نحو الفعالية الإنتاجية ، و التي تنبني في الأساس تطوير الجاهزية لمعداتها الإنتاجية من جهة ، و تقوية جانب المسؤولية و العمل الجماعي من جهة أخرى.

بناء على هذه الأهداف وفي إطار تحضير مصلحة الصيانة لمتطلبات شهادة الأيزو ، مكن مشروع نهاية الدراسات الذي قمنا به داخل الشركة من :

- إنجاز تفتيش وظيفة الصيانة داخل الشركة
- وضع خطط لتحسين إدارة الصيانة
- تحضير جميع المستندات التي تحتاجها المصلحة
- تحديد المعدات الإنتاجية الأكثر حرج
- إجراء تحليل وظيفي على هذه المعدات
- تحديد صيانة المستوى الأول لهذه المعدات
- القيام بدراسة نقدية لهذه المعدات
- وضع جدولة الصيانة الوقائية للمعدات الأكثر حرج
- تصميم عملية الصيانة
- إنشاء عملية لاختيار المقاولين الفرعيين
- وضع لوحة القيادة لرصد تنفيذ الصيانة الوقائية
- تكرار تفتيش الصيانة لقياس القيمة المضافة لإنجازاتنا

RESUME

La Société Chérifienne du matériel Industriel et Ferroviaire - SCIF - s'est fixé une stratégie de reconstruction orientée vers la performance productive qui est basée sur le développement de la disponibilité de ses équipements de production d'une part et le renforcement de la responsabilité et l'esprit d'équipe d'autre part, conformément à ses objectifs et dans le cadre de préparer le service maintenance pour faire face aux exigences de la certification ISO 9001 : 2008, notre projet de fin d'étude a consisté à :

o Auditer la fonction maintenance au sein de la SCIF ;

o Mettre en place des actions d'améliorations de la gestion de la maintenance;

o Elaborer toutes les fiches dont a besoin le service maintenance ;

o Sélectionner les équipements de production les plus critiques ;

o Effectuer l'analyse fonctionnelle de ces équipements ;

o Déterminer la maintenance de premier niveau de ces équipements ;

o Effectuer une étude AMDEC sur ces équipements ;

o Elaborer le plan de maintenance préventive des équipements critiques ;

o Concevoir le processus maintenance ;

o Mettre en place d'une démarche de choix des sous-traitants ;

o Elaborer un tableau de bord de suivi de l'implantation de la maintenance préventive;

o Refaire l'audit de maintenance et pour mesurer la valeur ajoutée de nos réalisations;

LISTE DES FIGURES :

8

LISTE DES TABLEAUX :

9

GLOSSAIRE DES ACRONYMES

A
AHP   Processus d'Analyse Hiérarchique
AMDEC   Analyse des Modes de Défaillance, de leurs Effets et leur Criticité

B
BSMP   Bon de Sortie Matières et Pièces
BT   Bon de Travail

C
CDD   Contrat à Durée Déterminée
CDI   Contrat à Durée Indéterminée

D
DG   Directeur Générale
DI   Demande d'Intervention
DMP   Demande de Matières et Pièces

E
ERP   Entreprise Ressource Planning

F
FAST   Function Analysis System Technic
FMDS   Fiabilité, Maintenabilité, Disponibilité, Sécurité

G
GMAO   Gestion de la Maintenance Assistée par Ordinateur
GTD   Gestion des Travaux et Documentation

I
IA   Indexe de Cohérence
IC   Indice de Cohérence
ISO   International Organization for Standardization

M
MTBF   Mean Time Between Failures

P

PDG	Président Directeur Générale
PdR	Piéces de Rechange
PMP	Plan de Maintenance Préventive
PP	Productivité du Personnel

Q

QSE	Qualité, Sécurité, Environnement

R

RC	Ratio de Cohérence

S

SADT	Structure Analysis and Design Technique
SCIF	Société Chérifienne du matériel Industriel et Ferroviaire
SWOT	Strengths Weaknesses Opportunities Threats

T

TdB	Tableau de Bord
TI	Temps d'Intervention
TIP	Taux d'Interventions Préventives
TP	Taux de Présence
TPM	Total Productive Maintenance
TRGP	Taux de Réalisation de Gammes Préventives
TRS	Taux de Rendement Synthétique

TABLE DES MATIERES:

15

INTRODUCTION :

La SCIF aujourd'hui, sous la direction du M. Hassan REBOUHATE, est soumise à une reconstruction importante et des mutations majeures et profondes. Elle est sans cesse confrontée à un monde de concurrence impitoyable qui vise continuellement à améliorer aussi bien la qualité et les prix des produits ainsi que les délais de production. De ce fait, La SCIF possèdent des systèmes de production de plus en plus complexes et sophistiqués qui sont à la fois plus performants et plus fragiles. Et partant, elle connait des ruptures intempestives liées à la disponibilité de l'outil de production, du non qualité générée, des problèmes de sécurité des biens et des personnes ou encore de respect de l'environnement. Ceci impose la nécessité et l'importance de la maintenance de l'ensemble des équipements le long de leur cycle de vie, donc la nécessité d'un service maintenance qui regroupe l'ensemble des agents de maintenance dans le but de satisfaire les exigences de la direction dans le cadre de sa préparation pour avoir la certification ISO 9001 : 2008.

FICHE TECHNIQUE DU PROJET : LE Q.Q.O.C.P.C.

QUOI ? *Sujet d'étude*	Projet de Fin d'Etudes: « Conception et organisation du service maintenance de le SCIF »
QUI ? *Equipe de projet*	*Equipe interne à l'ENSA :* Etude : • Abdeslem CHERQAOUI et Ali ALLAOUI : Elèves - Ingénieurs en Génie Industriel et Logistique à l'Ecole Nationale des Sciences Appliquées de Marrakech. Encadrant interne : • M. El Hassan IRHIRANE : Professeur chercheur à l'ENSA. *Equipe externe à l'ENSA : dans la SCIF* Encadrant externe : M. Hassan REBOUHATE : Directeur Générale de la SCIF. Autres : • Agents du service maintenance. • Opérateurs des machines. • Responsables des différentes sections.
Où ? *L'entreprise d'accueil, Secteur d'activité*	*Raison sociale :* SCIF : La Société Chérifienne du matériel Industriel et Ferroviaires *Adresse :* BP : 2604 - Allée des Cactus - AIN SEBAA 20250 – CASABLANCA - MAROC *Site Web:* www.scif.co.ma ⇒ Matériel industriel et Industrie ferroviaire
QUAND ?	Durée de stage : du 07 Février au 07 Juin 2011.
COMMENT ? *Méthodologie*	Voir le cahier de charges dans la page suivante.
POURQUOI ? *Objectifs*	Le PFE est obligatoire o Confronter les acquis à la réalité du terrain o Acquérir des compétences au sein du secteur privé o Echanger et partager les connaissances professionnelles o Activer le rôle de l'université comme acteur socioéconomique o Renforcer la relation entre l'université et l'entreprise o Se familiariser avec la vie professionnelle active o Connaître l'entreprise et son environnement
COMBIEN ? *Les ressources matérielles*	Feuilles de brouillon, Bloc notes, Feuilles A4, Clé USB, Appareil photo, Internet, Livres, PC, Imprimante, Photocopie, Stylos … Resources logiciel : Word, Excel, PowerPoint, MS project

Tableau 1 : Fiche technique du projet

18

METHODOLOGIE DU TRAVAIL : CAHIER DES CHARGES

Avant tout commencement, il fallait déterminer le cahier des charges à suivre pendant la réalisation du projet de notre stage, d'un coté pour pouvoir contrôler l'avancement du projet, et d'un autre pour se familiariser avec la gestion du projet sur le terrain professionnel, le cahier des charges et le suivant:

Etape1 :

- o Familiarisation et connaissance de l'environnement du travail.
- o Préparation de la fiche technique du projet : Q.Q.Q.C.P.C.

Etape 2 :

- o Diagnostic de l'existant : Audit de la maintenance pour mesurer sa performance.

Etape 3 :

- o Inventaire et codification des équipements de la SCIF, pour tous ses ateliers : Débitage-Usinage, Ferroviaire, Chaudronnerie, Bougie et Bouteille.
- o Regroupement des machines par familles de machines.

Etape 4 : Conception de la politique maintenance

- o Utilisation de l'outil « Brainstorming » pour trouver l'ensemble des critères de jugement de la criticité des équipements.
- o Choix des critères significatifs et application de la méthode de cohérence de jugement pour trouver les différentes pondérations et pour juger la cohérence des critères.
- o Etudier la criticité des équipements de chaque atelier à l'aide du questionnaire réalisé et détermination des équipements les plus critiques à l'aide de l'outil PARETO.
- o Elaborer la maintenance de premier niveau pour l'exploitant pour équipements critiques.
- o Elaborer l'analyse fonctionnelle des équipements critiques.
- o Appliquer la méthode AMDEC et élaboration d'un plan de maintenance préventive pour chaque équipement critique.

Etape 5 : Gestion et organisation du service maintenance

- o Réalisation de toutes les fiches dont a besoin le service : fiche technique équipement, fiches état de l'équipement, fiche demande d'intervention, fiche ordre de travail, fiche rapport d'intervention, fiche rapport historique ...).
- o Identification des rôles des membres du service (Responsable, GTD, chef d'équipe et agents)

- o Gestion et Organisation de la relation entre tous les intervenants, depuis la rédaction de la fiche demande d'intervention jusqu'à l'archivage du rapport d'intervention.
- o Réalisation des dossiers machine.
- o Conception du processus maintenance de la SCIF.

Etape 6 :

- o Choix des indicateurs de maintenance à mettre en place pour suivre et mesurer l'état d'avancement de l'implantation de la nouvelle approche de gestion des interventions afin de régler toute dérive qui sorte de l'objectif fixé.
- o Implantation de la maintenance préventive sous MS Project.
- o Faire à nouveau l'audit maintenance pour mesurer la valeur ajoutée de notre travail dans l'organisation des travaux de maintenance.

Etape 7 :

- o Formation des cadres de la société et des agents de maintenance pour connaitre la nouvelle manière de gestion et pour identifier le rôle que va jouer chacun d'eux afin de réussir l'implantation de cette nouvelle approche de gestion des interventions.

Remarque : Quelques tâches peuvent se faire en parallèles et d'autres peuvent paraitre selon le déroulement du travail.

CHAPITRE 1 : PRESENTATION GENERALE DE L'ENTREPRISE

1. Fiche technique de l'entreprise:

Raison Sociale : SOCIETE CHERIFIENNE DE MATERIEL.INDUSTRIEL ET FERROVIAIRE

Forme juridique:	Société Anonyme
Capital Social:	44 232 525 Dirhams Marocains
Effectif :	150 à 600 personnes
Surface :	111 000 m² dont 40 000 m² couverts
Puissance installée:	4400 KVA
Capacité de production:	12 000 tonnes d'acier par année

Adresse

Adresse Siège et Usine
Allée des Cactus - AIN SEBAA -20250 .CASABLANCA – MAROC

Boite Postale
2604 - AIN SEBAA
Téléphone : +212 22 35 39 11
Fax : +212 22 35 09 60

2. Historique :

1946	Année de création.
1948	Année de début de production
1948 à 1954	Maintenance et réhabilitation de wagons
1955	Fabrication et livraison des premiers wagons neufs (à 2 ou 3 essieux).
1956	Fabrication et livraison des premières bouteilles à gaz à usage domestique
1965	Intégration des premiers wagons à bogies neufs
1983	Construction des premières voitures climatisées à voyageurs type CORAIL
1992	Construction des premières locomotives électriques (puissance 4000 kW).
1995	Usinage et assemblage de branchements et d'appareils de dilatation pour voies ferrées.

A ce jour, les activités de la SCIF s'appuient sur 4 familles de produits:

o Le matériel roulant ferroviaire,
o Les bouteilles à gaz (3kg, 6kg, 12kg et 35kg),
o Les réservoirs pour le stockage de gaz et de liquides,
o Les biens d'équipement divers.

3. Organigramme de l'entreprise :

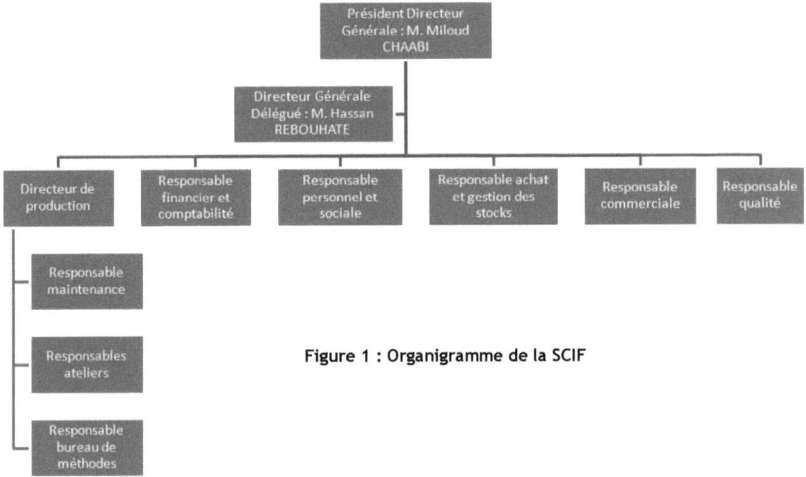

Figure 1 : Organigramme de la SCIF

Remarque : Le service commercial est en cours de mise en place !

Directeur de production: Attaché au directeur générale chargé d'assurer la production, sous sa direction on trouve les responsables d'ateliers et le responsable maintenance.

Responsable personnel et social: Il se charge du recrutement du personnel, de développement des ressources humaines et de la gestion administrative et des affaires sociales.

Responsable finance et comptabilité : Il s'occupe de toutes les opération de comptabilité, recouvrement « suivi des créances clients », et facturation concernant les travaux journaliers et ceux d'inventaires tels que l'enregistrement au journal et l'établissement des bilans ...

Responsable commercial: C'est un département en cours de constitution et qui aura la mission d'assurer la distribution des produits dans les différentes zones de ventes toute en respectant les techniques de vente exigés par la compagnie.

Responsable achat et gestions des stocks: Ce département est chargé de toutes les opérations d'achats locaux mais aussi à l'étranger (import) selon les exigences de la société. Il se charge également de la gestion du magasin.

Responsable qualité: Le service qualité a pour objectif de déterminer, avec des moyens appropriés, si le produit (y compris, services, documents) contrôlé est conforme ou non à ses spécifications ou exigences préétablies.

Responsble d'atelier : Chargé de toutes les tâches de production et de fabrication.

Responsbles d'ateliers : Chargés de toutes les tâches de production et de fabrication.

Responsable bureau de méthodes : Il est chargé de concevoir et de fournir les outils utiles à la production afin d'améliorer la productivité globale de l'entreprise, d'améliorer les conditions de travail.

Responsable maintenance : Charger d'assurer la disponibilité du patrimoine materiel de l'entreprise, il est attaché au directeur de prodcution.

4. Présentation des activités de l'entreprise :

L'implantation de la zone industrielle SCIF s'étend sur une superficie de 111 000 M² dont 40 000 M² est couverte supportant une puissance de 4400 KVA. Elle se répartie en 4 unités de fabrications :

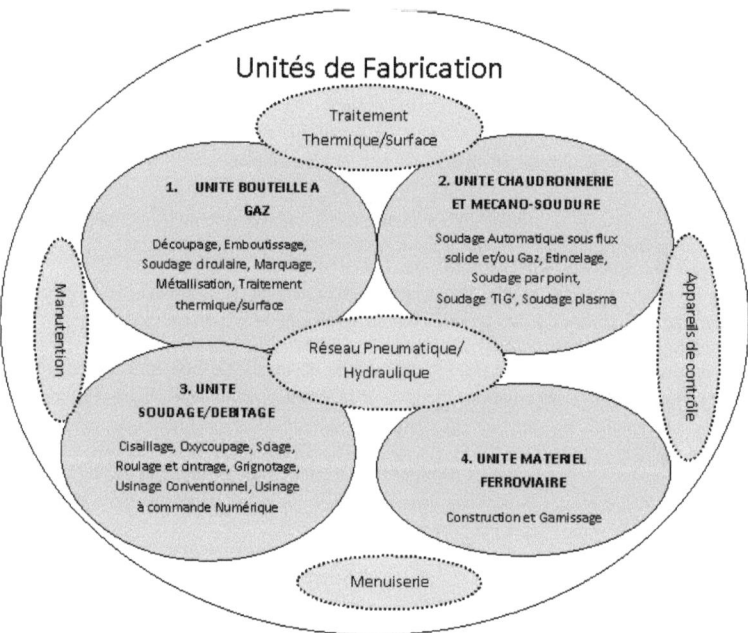

Figure 2 : Présentation des activités de la SCIF

Actuellement, les activités de l'entreprise s'appuient sur 4 familles de produits :

Activité 1 : Construction de matériel ferroviaire	
Produits	**Description**
• Plusieurs types de wagons à marchandises et leurs bogies Y25 (capacité : 300 wagons/année). • Les voitures climatisées à voyageurs (type européen CORAIL) et leur bogies Y32 (capacité : 25 voitures/année). • Les pylônes et portiques pour caténaires.	• La construction du matériel ferroviaire est la vocation initiale de la SCIF depuis 1946. • Les produits sont conformes aux normes U.I.C.

Figure 3 : Matériel ferroviaire construit à la SCIF

Activité 2 : Chaudronnerie et mécano-soudure	
Produits	**Description**
• Portique de grue sur rail • Bouilleur pour industrie chimique • Corps de malaxeur de sucrerie • Benne basculante routière • ...	• La réalisation des grands projets d'équipement nationaux. Pour : Les usines, Les mines, Le transport routier, La manutention, Le stockage liquide, Les ports, Les aéroports, Les cimenteries, Les sucreries....

Figure 4 : Chaudronnerie et mécano-soudure de la SCIF

25

Activité 3 : Construction des réservoirs	
Produits	**Description**
Réservoirs fixes pour le stockage de : • Propane • Butane • Oxygène • Chlore • Air • Eau • Produits Pétroliers.	• La SCIF est placé le leader au Maroc en matière de savoir-faire. • Les produits sont conformes aux : CODAP, ASME, API650, ANSI, DIN, ASTM, AFNOR, NV 65, PS 69, Réglementation en vigueur, Règles de l'art.

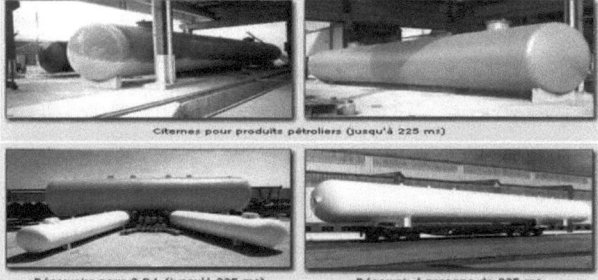

Figure 5 : Réservoirs construits à la SCIF

Activité 4 : Bouteilles à Gaz de (3 à 35kg)	
Produits	**Description**
• Bouteille à propane et à butane de : 3Kg, 6Kg, 12Kg et 35Kg.	• Premières bouteilles en 1955 • Capacité de production : 200.000 bouteilles 12 Kg, 500.000 bouteilles 3 Kg. • Exportation vers la Tunisie, l'Italie, le Royaume Uni, la Mauritanie, le Sénégal et la Côte-d'Ivoire.

Figure 6 : Bouteilles à Gaz construites à la SCIF

Tableau 2 : les activités de la SCIF

5. Diagnostic SWOT de la société :

S : Forces :

- o Longue expérience dans le secteur.
- o Monopole dans fabrication ferroviaire.
- o Classification avancée au niveau national.
- o Potentiel humain bien expérimenté.
- o Existence d'un patrimoine matériel sophistiqué.
- o Bonne image de l'entreprise chez ses clients.

W : Faiblesses :

- o Méthode de gestion traditionnelle.
- o Absence de formation continue du personnel.
- o Absence de certification.
- o Absence de système d'information de gestion.
- o Absence d'outils et suivi d'amélioration des processus de fabrication.
- o Conditions défavorables de travail.

O : Opportunités :

- o Ouverture sur de nouveaux marchés :
  - Implémentation de la norme ISO 9001 (En-cours)
  - Constitution du service commercial (En-cours)

T : Menaces :

- o L'entrée de nouvelles entreprises étrangères.

CHAPITRE 2 : LA FONCTION MAINTENANCE

1. Introduction

La fonction maintenance a été pendant longtemps, considérée comme une fonction secondaire dans l'entreprise entraînant des dépenses non productives. Aussi, se limitait-elle jusqu'au XIXème siècle à des opérations de graissage, de nettoyage et de réparation des pannes. Mais des accidents portant atteinte à la sécurité ont été à l'origine de l'élaboration d'une réglementation des visites des équipements au début du XIXème siècle. Ce genre de maintenance dit " systématique " étant très couteaux a entraîné dans les années soixante la naissance de la maintenance conditionnelle ou " par diagnostique ", ainsi que la prise en considération de l'aspect économique et le recours, d'une façon plus accentuée, vers la prévision de la défaillance.

2. Définitions

2.1. Définition du terme « maintenance »

Selon la Norme ' NF EN 13306 (juin 2001) ' La maintenance est : l'« *Ensemble de toutes les actions techniques, administratives et de management durant le cycle de vie d'un bien, destinées à le maintenir ou à le rétablir dans un état dans lequel il peut accomplir la fonction requise* ».

2.2. Définition du « management de la maintenance »

Selon la Norme 'FD X60-000 (mai 2002)' le management de la maintenance sont : « *Toutes les activités des instances de direction qui déterminent les objectifs, la stratégie et les responsabilités concernant la maintenance et qui les mettent en application par des moyens tels que la planification, la maîtrise et le contrôle de la maintenance, l'amélioration des méthodes dans l'entreprise y compris dans les aspects économiques* ».

2.3. Définition de la « fonction requise »

Selon la Norme 'NF EN 13306 (juin 2001)' la fonction requise est la : « *Fonction, ou ensemble de fonctions d'un bien considérées comme nécessaires pour fournir un service donné* ».

2.4. Définition du terme « bien »

Selon la Norme 'FD X60-000 (mai 2002)' le bien (ou équipement comme on l'appel généralement sur le terrain) est : « *Tout élément, composant, mécanisme, sous-système, unité fonctionnelle, équipement ou système qui peut être considéré individuellement* ».

3. Objectifs de la maintenance

Les objectifs de la gestion de maintenance seront atteints si le gestionnaire maîtrise parfaitement les paramètres et les conditions de fonctionnement de l'entreprise. Le rôle de la maintenance et donc de traiter des défaillances afin de réduire et si possible d'éviter les arrêts de production. La maintenance est indissociable des poursuites d'objectifs conduisant à la maîtrise de la qualité, et aux sept zéros 'olympiques' les symbolisant :

- *Zéro panne* : Faire en sorte que la panne ou l'incident ne se produisent pas. Cet objectif nécessite la mise en place d'une politique d'entretien préventif déterminée et c'est l'objectif matériel de la maintenance.
- *Zéro défaut* : une production sans défaut nécessite un outil de production en parfait état et une organisation adéquate, tout produit présentant un défaut est assimilable à un arrêt de production et ce traduit par une prolongation des délais et des coûts inacceptables.
- *Zéro délai* : Eviter toute perte de temps entre le moment où la commande est enregistrée et où le produit est terminé et expédié. Tout délai signifiant génération d'en cours coûteux.
- *Zéro stock* : Consiste à ne recevoir que des pièces bonnes et seulement au moment où on en a besoin, de façon à ce que les avantages tirés de la productivité ne soient pas anéantis par les pannes ou le coût. Des stockages de précaution. Une fabrication sans stock n'est pas compatible avec une livraison sans délai que si l'outil de production est parfaitement fiable.
- *Zéro papier* : Consiste à alléger, dans toute la mesure du possible, les structures par la simplification maximale des procédures et des travaux administratifs manuels ou automatisés. L'utilisation de l'outil logiciel peut assurer cet objectif.
- *Zéro accident* : Prévoir et éliminer les risques en se basant sur l'analyse fine des procédés.
- *Zéro mépris* : Donner importance à la sécurité des biens mais avant tout à celle des personnes.

4. Types de la maintenance

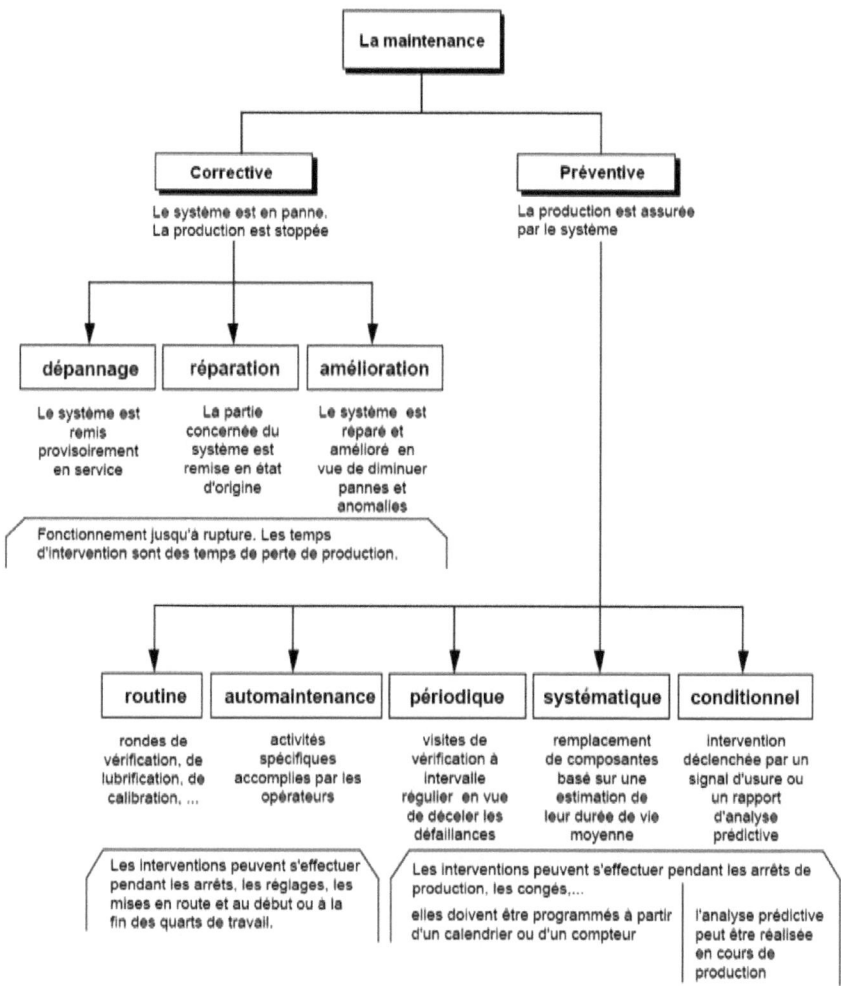

Figure 7 : Classification des types de la maintenance.

5. Niveaux de maintenance

Pour mettre en œuvre une organisation efficace de la maintenance et prendre des décisions comme gestionnaire dans des domaines tel que la sous-traitance le recrutement de personnel approprié..., Les niveaux de maintenance sont définis en fonction des travaux.

La norme X 60-010 distingue 5 degrés de maintenance, classés de manière croissante, selon la complexité des interventions à effectuer:

- *NIVEAU 1* : Les actions de maintenance premier niveau sont des actions simples nécessaires à l'exploitation et réalisées sur des éléments facilement accessibles, en toute sécurité, à l'aide d'équipements de soutien intégrés au bien. Ce sont par exemple les réglages et contrôles ou inspections nécessaires à l'exploitation, les opérations élémentaires de maintenance préventive, le remplacement d'articles consommables ou d'accessoires (fusibles, ampoules...). Ce type d'opérations peut être effectué par l'exploitant du bien avec les équipements de soutien intégrés au bien et à l'aide des instructions d'utilisation.

- *NIVEAU 2* : Le deuxième niveau de maintenance concerne les actions qui nécessitent des procédures simples et/ou des équipements de soutien (intégrés ou extérieurs) d'utilisation et de mise en œuvre simples. Ce sont par exemple les contrôles de performances, certains réglages, les réparations par échange standard de sous-ensembles dont le remplacement est aisé.
  Ce type de maintenance peut être effectué par un personnel habilité avec les procédures détaillées et les équipements de soutien définis dans les instructions de maintenance.
  Sont ainsi concernées par ce niveau les opérations de remplacement de pièces n'entraînant pas de démontage global de l'équipement. C'est donc un travail portant sur des éléments isolés ou des opérations de vérification de résultats tels que le contrôle des performances du matériel livré.

- *NIVEAU 3* : Le troisième niveau concerne les opérations qui nécessitent des procédures complexes et/ou des équipements de soutien, d'utilisation ou de mise en œuvre complexes.
  Ce sont par exemple les réglages généraux, les opérations de maintenance systématique délicates, les réparations par échanges de composants.
  Ces opérations nécessitent une approche globale du fonctionnement de l'équipement, c'est à dire la prise en compte de plusieurs éléments, de leurs interactions et de leur cohérence.

- *NIVEAU 4* : Le 4è niveau concerne les opérations dont les procédures impliquent la maîtrise d'une technologie particulière et/ou la mise en œuvre d'équipements de soutien spécialisés.
  Ce sont par exemple les réparations spécialisées, les vérifications d'appareils de mesure...

- *NIVEAU 5* : Activités de rénovation ou de reconstruction dont les procédures impliquent un savoir-faire faisant appel à des techniques ou technologies particulières, des processus et/ou des équipements de soutien industriels.

6. Conclusion

La maintenance est une source de productivité. Cette affirmation nécessite, pour être vérifiée, d'une part que l'on doit prévoir et ajuster la maintenance en fonction des performances envisagées et des critères d'évaluation que se fixe l'entreprise ; d'autre part que ce travail doit être en permanence réajusté. En effet, un système technique se situe toujours dans un environnement en perpétuel changement. Il est par nature lui-même soumis à des évolutions de comportement de " vieillissement ". Pour atteindre cet objectif, il est donc indispensable de revoir les moyens organisationnels et techniques ainsi que les moyens d'informations.

CHAPITRE 3 : AUDIT DE LA MAINTENANCE

1. Définition

L'audit de maintenance est un examen méthodique d'une situation relative à une organisation ou à des prestations en maintenance en vue de vérifier la conformité à des règles établies visant à bien maintenir. Il effectue en collaboration avec les intéressés chaque fois qu'il s'agit de changement décidé d'organisation ou pour apporter des améliorations dans la pratique de la maintenance.

2. Démarche de l'audit

L'audit de la maintenance consiste à détecter les éventuels écarts entre la situation actuelle et une situation de référence visée : " la norme ", puis à prendre des actions correctives visant à mieux à atteindre les objectifs du progrès :

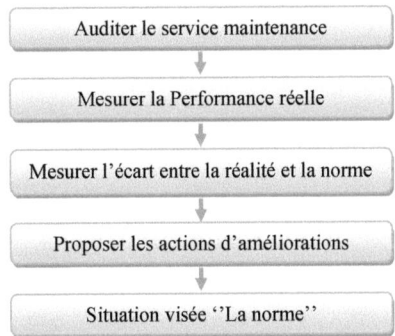

Figure 8 : Organigramme de la démarche de l'audit.

3. Conduite d'un audit maintenance

La réalisation de l'audit passe généralement par deux phases principales :

- Etude de l'état actuel ;
- Audit fonctionnement maintenance.

3.1. Etude de l'état actuel

La première phase de l'audit a pour but de faire le point sur la situation actuelle de la maintenance, mais aussi et surtout de préparer la définition des voies du progrès. L'examen de l'état actuel doit être mené avec rigueur et méthode, en 3 étapes.

33

3.1.1. Collecte des informations sur la maintenance

Cette première partie consiste à réunir un ensemble d'information concernant le service maintenance, les ateliers qui lui sont confiés et tous les services en liaison avec le service maintenance.

3.1.2. Analyse du fonctionnement

Cette 2éme étape aura pour but de vérifier si l'organisation maintenance et les procédures appliquées sont conformes aux règles " bien maintenir ". Pour ce faire nous faisons recours à un audit qui examine le management de la maintenance selon 8 domaines :

- Gestion des équipements ;
- Maintenance 1er niveau ;
- Gestion stocks ;
- Gestion travaux ;
- Analyse FMDS (Fiabilité, Maintenabilité, Disponibilité, Sécurité) ;
- Analyse des couts ;
- Base de données ;
- Planification.

3.1.3. Elaboration du plan d'amélioration

L'élaboration du plan d'amélioration va consister à rapprocher toutes les actions correctives générées par le diagnostic avec les objectifs de la maintenance.

3.2. Audit de la maintenance des équipements de la SCIF

Avant de se lancer dans cet audit il faudrait tout d'abord mettre en évidence la nécessitée de faire une telle étude.

Dans le cadre du plan dc travail qu'on que nous avons élaboré, nous devions évaluer l'état actuel de la maintenance au sein de **SCIF** et de quantifier la performance de ce cette maintenance tout en passant d'une information qualitatif à une information quantitatif d'une part.

D'autre part cette étude permettra de définir en évidence les grands axes d'amélioration de la maintenance en général et de la maintenance préventive spécialement.

Nous avions opté pour cette méthode vue les qualités qu'elle présente.

3.2.1. Les qualités de l'audit

L'audit de la maintenance présente les qualités suivantes :

- *L'objectivité* : Elle ne porte pas de jugements extrêmes comme " bon " ou " mauvais " ; elle conduit à repérer des points faibles et des points forts ; atteindre la perfection. Elle est tournée vers l'action puisqu'elle identifie les domaines dans lesquels des progrès sont possibles.

- *Le dialogue* : Elle permet le dialogue entre les différents composants du service maintenance.
- *La reproductibilité* : Le fait de repérer systématiquement cette opération permet de suivre l'évolution du profil de maintenance.

3.2.2. Conduite de l'audit

- *Méthodologie de travail :*

Pour auditer la fonction maintenance, nous avons procédé en quatre étapes :

- Collecte d'information à l'aide d'un questionnaire ;
- Analyse et évaluation des résultats obtenus ;
- Détermination des objectifs à atteindre ;
- Elaboration du plan d'amélioration.

- *Le questionnaire de l'audit :*

Pour cerner tous les aspects de la maintenance nous avons utilisé un questionnaire qui nous révélera les points forts et les points faibles de la maintenance au sein de la **SCIF** (Voir l'audit détaillé dans l'annexe 1).

Afin que l'audit soit complet et efficace, il a fallu tout d'abord cibler la population qui va répondre au questionnaire. Selon les rubriques, nous avons choisi des personnes de la production, différents acteurs de la maintenance (techniciens, ...), responsables du magasin, responsable d'achats, etc. Les cas possibles du scoring dans le questionnaire sont les suivants:

- Vraie ou Fausse
- Plutôt vraie ou plutôt fausse : si on n'est pas totalement affirmatif ou totalement négatif.
- Sans objet : si l'une des options précédentes ne convient pas.

Le tableau suivant résume l'affection des pondérations pour les réponses estimées.

Réponses	Pondérations
Vraie	1
Plutôt vraie	0 .7
plutôt fausse	0.3
Fausse	0
Sans objet	0.5

Tableau 3 : Scoring de l'audit maintenance

- *Rubrique du questionnaire*

Les rubriques du questionnaire comportent huit domaines qui se présentent comme suit :

A. Gestion des équipements.

Il s'agit ici de traiter l'information concernant les équipements: Inventaire machines, historique équipement, dossier technique équipement,...

B. Maintenance premier niveau

Cette rubrique s'intéresse aux opérations de maintenance, qui ne nécessitent pas des outilles spéciales et de grand qualification pour intervenir, faites par l'opérateur ou le conducteur de la machine.

C. Gestion stocks

Cette rubrique s'intéresse à la manière avec laquelle est géré le stock de pièces de rechange, L'achat des pièces et matières ...

D. Gestion travaux

Cette rubrique traite de la préparation du travail, des interventions et leurs méthodologies.

E. Analyse FMDS

Elle couvre l'enregistrement et l'archivage des interventions, et le suivi de la performance des machines par des indicateurs.

F. Analyse des couts

Cette rubrique évalue la gestion des couts de la maintenance par le service maintenance.

G. Base de données

Nous allons mettre le point ici l'existence ou non d'une base de données fournisseurs, une méthode d'archivage adapté aux besoins...

H. Planification.

Cette rubrique porte sur la planification des interventions : techniques de planification, ordonnancements des travaux, la maitrise de la charge de travail ...

3.2.3. Dépouillement du questionnaire

Nous repérons principalement les points qui se trouvent en dessous de niveau moyen de fonctionnement maintenance car ils seront mis en plans d'amélioration qui constitue un des piliers de notre sujet de PFE, mais tous ce qui est en dessus de niveau moyen sont à maintenir.

4. Analyse des résultats

Le tableau suivant regroupe les résultats que nous avons trouvé :

Domaines d'analyses	Scores obtenus	Expertise	Maxi possible	Pourcentage /Expertise	Pourcentage /Max possible
A. Gestion des équipements.	2.5	9	15	27.78%	16,67 %
B. Maintenance de premier niveau	0	4	8	0%	0 %
C. Gestion stocks	7	6	14	116.67%	50 %
D. Gestion des travaux	1	8	12	12.5%	8,34 %
E. Analyse FMDS	0.3	8	13	3.75%	2,31 %
F. Analyse des couts	0.8	5	10	16%	8 %
G. Base de données	1.1	4	9	27.5%	12,23 %
H. Planification	0.5	4	12	12.5%	4,17 %
SCORE TOTAL	13,2	48	93	27,5%	14,2%

Tableau 4 : Résultat de l'audit maintenance.

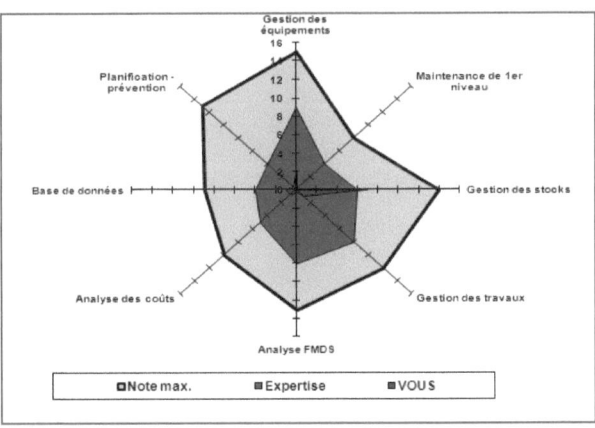

Figure 9 : Schéma radar montrant la position du niveau de performance de la maintenance de la SCIF par rapport à l'expertise et la performance maximale.

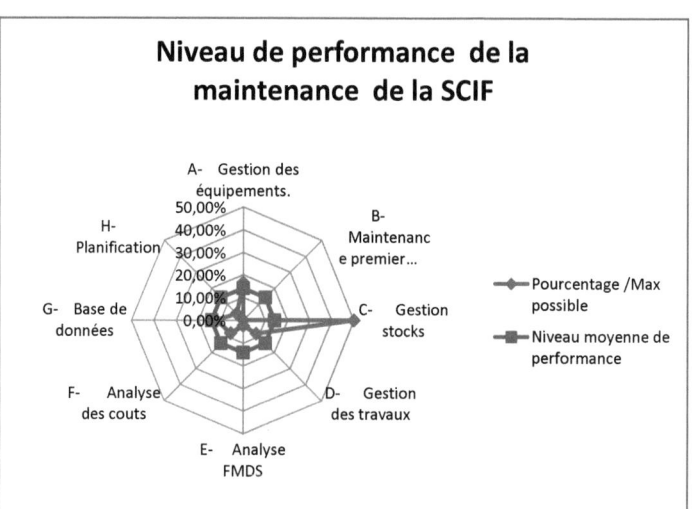

Niveau de performance de la maintenance de la SCIF

A- Gestion des équipements.

B- Maintenance premier...

C- Gestion stocks

D- Gestion des travaux

E- Analyse FMDS

F- Analyse des couts

G- Base de données

H- Planification

Pourcentage /Max possible

Niveau moyenne de performance

Figure 10 : Profil de la maintenance avec schéma radar.

Le cercle moyen (en rouge) correspond au score moyen par rapport à la note maximale (14,2%), il permet de repérer les domaines présentant des faiblesses et sur lesquels des progrès peuvent et doivent être réalisés, et ils sont en ordre de priorité :

1) Maintenance de premier niveau (0%) ;
2) Analyse FMDS (2,31 %) ;
3) Planification (4,17 %) ;
4) Analyse des couts (8 %) ;
5) Gestion des travaux (8,34 %) ;
6) Base de données (12,23 %) ;
7) Gestion des équipements (16,67 %).

4.1. L'analyse des résultats de l'audit :

Maintenance 1er Niveau :

Cette rubrique est parmi les rubriques auxquelles il faut s'attaquer ; Notons que cette rubrique a une note nulle à cause de plusieurs points faibles ; Nous avons :

- L'inexistence des fiches de suivi et d'un moyen connu qui déclenche ces opérations.
- Le non planification des opérations de maintenance de 1er Niveau.
- L'inexistence des fiches qui formalisent les opérations de premier niveau.

Analyse FMDS :

Les remarques concernant cette rubrique sont :

- L'inexistence d'un historique pour chaque équipement.
- Le non suivi des performances des équipements et de l'efficacité de la fonction maintenance.
- L'inexistence de la maintenance conditionnelle.
- La non existence d'un tableau de bord pour suivre l'évolution des indicateurs pour les équipements critiques (Indicateur de bon fonctionnement, indicateur de temps d'intervention, indicateur de disponibilité ...)
- Le non formalisation des consignes d'interventions pour les équipements critiques.

Planification :

Cette rubrique a une mauvaise note à cause du type de la maintenance qui existe (maintenance corrective), il n' ya pas de maintenance préventif donc nous n'avons pas de planification.

Analyse des couts :

- Service maintenance ne gère pas son budget.
- Le non autonomie du service maintenance pour les achats au dessous d'un cout plafond.
- Le non archivage des couts d'interventions

Gestion des travaux :

- Le non existence des moyennes de déclenchement des travaux de maintenance (DI).
- L'inexistante des comptes rendu des interventions.
- Il n'existe pas une des travaux correctif, préventif...
- Il n'existe pas une gamme opératoire pour les travaux complexes.

Base de données :

A partir des résultats de cette rubrique on peut dire qu'il n y pas une base de donnée qui collecte et archive tous les travaux de maintenance, dans cette rubrique on constate aussi :

- L'inexistence d'une méthode d'archivage adaptée et suffisante.
- L'inexistence d'un outil informatique pour gérer l'activité du service maintenance.
- Le non existence d'un dossier technique pour les équipements critiques.
- La difficulté d'accéder aux catalogues constructeurs.

Gestion des équipements :

Les points faibles de cette rubrique sont :

- L'inexistence d'un inventaire par emplacement pour les équipements, sauf certain atelier qui ont un inventaire mais qui n'est pas mis à jour.
- Le non connaissance des conditions de bon fonctionnement et d'intervention sur les équipements.
- L'inexistence d'un inventaire des pièces de rechange et des outillages nécessaires pour intervenir sur chaque équipement.
- L'inexistence d'un historique des travaux pour chaque équipement.
- L'inexistence d'une degré de criticité des équipements.
- L'existence de la même codification sur des équipements différents.
- L'inexistence des dossiers techniques pour les équipements.

5. Qualification des agents de maintenance

Les moyens humains sont d'une importance cruciale dans tout système de maintenance, par conséquent il est impératif de s'informer sur l'effectif, sur le niveau d'études et les diplômes ainsi que leurs anciennetés et les formations effectuées.

Le service de maintenance regroupe 14 agents dont la majorité possède un niveau d'étude Bac+2. Ils sont tous gérés par le responsable du service maintenance, la qualification du personnel de maintenance est représentée dans le tableau suivant :

Equipe	Matricule	Type de diplôme	Spécialité	Expérience
Equipe Electrique (E1)	1366	Technicien spécialisé	Electromécanique	9 ans
	3830	Technicien spécialisé	Electromécanique	5 ans
	3179	Technicien	Electrique	36 ans
	3326	Technicien	Electrique	34 ans
	3849	Technicien	Electrique	4 ans
	7248	Technicien	Electrique	9 ans
	3856	Technicien spécialisé	Maintenance industriel	2 ans
Equipe Mécanique (E2)	240	Technicien	Mécanique	34 ans
	681	Qualifié	Mécanique	30 ans
	904	Sans diplômes	Mécanique	7 ans
	954	Qualifié	Mécanique	3 ans
	3851	Technicien spécialisé	Electromécanique	3 ans
	3859	Technicien	Hydraulique	10 ans
Informatique (E3)	3857	Technicien	Maintenance informatique	10 ans

Tableau 5 : Qualification des agents de maintenance

Figure 11 : Diagramme de la qualification par type de diplôme

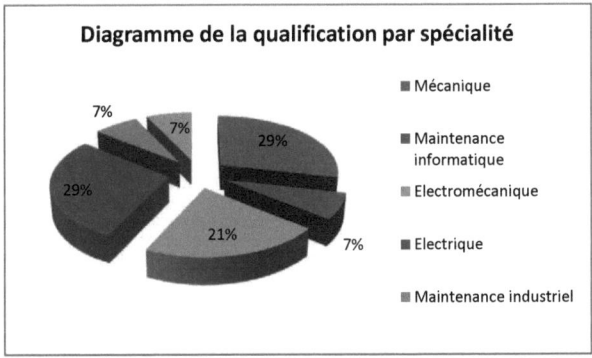

Figure 12 : Diagramme de la qualification par spécialité

Le service maintenance dispose actuellement d'un nombre considérable de techniciens ayant un niveau de formation secondaire ou une qualification professionnelle avec moins de polyvalence au niveau de la spécialité sauf des cas exceptionnelles. Il faut noter également que la moyenne d'années d'expérience pour les agents de maintenance de la **SCIF** est de 14 ans.

6. Conclusion

Après avoir effectué l'audit de la gestion de la maintenance dont les résultats coïncident avec ceux que nous avons constatés dans la réalité, nous donnons dans les chapitres qui suivent, des améliorations et propositions convenables concernant plusieurs volets, mais nous estimons qu'une petite amélioration sur l'un de ses domaines va influencer d'une façon remarquable sur les domaines qu'a eux un faible scoring.

41

CHAPITRE 4 : CONCEPTION DE LA POLITIQUE MAINTENANCE

1. Introduction :

Selon la norme '*XPX60-020 (1995)*' La politique de maintenance est l' « *Orientation et objectifs généraux d'une entreprise, en ce qui concerne la maintenance, tels qu'ils sont exprimés formellement par la direction générale* ».

La politique de maintenance que nous avons élaborée, cohérente avec la politique qualité, est basée sur la réponse sur les questions suivantes :

1) Quels sont les enjeux de la maintenance par rapport au contexte de la SCIF ?
2) Comment la maintenance doit-elle s'organiser pour permettre à la SCIF d'atteindre ses objectifs?
3) À quel niveau la maintenance sera-t-elle déléguée (service maintenance, chefs d'équipe, opérateurs...)?
4) La maintenance sera-t-elle plutôt préventive ou curative (quel équilibre)?
5) La maintenance sera-t-elle faite en interne, ou sous-traitée auprès de sociétés spécialisées?
6) Etc.

2. Organisation du service maintenance

Dans le but de maîtriser l'information, de responsabiliser les agents de maintenance, de gérer efficacement les interventions, il était nécessaire de créer un service maintenance qui regroupe tout les agents de maintenance sous un objectif : de passer de l'étape de subir les pannes vers l'étape de maîtrise des pannes.

Cette nouvelle organisation que nous avons proposée permettra au service maintenance de la SCIF de mieux gérer son matériel et son personnel.

2.1. Organisation générale

Pour combler le manque parant au niveau de l'organisation des travaux et la gestion de la documentation, nous proposons la création d'un poste de responsable Gestion des Travaux et Documentations (GTD) (Voir la fiche poste GTD dans l'annexe 3).

La structuration du service maintenance sera adaptée en fonction du type de maintenance et des hommes dont il dispose, dans cette organisation du service maintenance on propose la création de deux autre postes ; un Chef d'équipe électrique et un Chef d'équipe mécanique.

Cette nouvelle structure proposée est bien détaillée dans l'organigramme suivant :

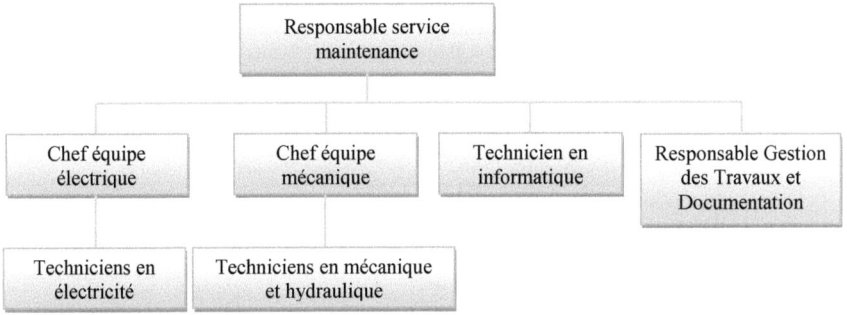

Figure 13 : Organigramme du service maintenance

2.1.1. Tâches du responsable service maintenance

Les principales tâches du responsable service maintenance sont données dans le tableau suivant :

N°	Activités principales	Résultats attendus
1	Assurer la bonne marche de l'usine.	Réaliser les objectifs de la société.
2	Elaboration du plan de la maintenance préventive pour les équipements critiques.	Réduire la maintenance corrective.
3	Suivre à l'aide du tableau de bord l'implantation de la maintenance préventive et améliorer ces résultats.	Améliorer les performances.
4	Veiller à la réalisation des objectifs de la société en terme QSE.	Augmenter la qualité des interventions, réduire les accidents de travail du aux pannes des équipements, préserver l'environnement.
5	S'assurer que le travail se fait d'une façon rapide et efficace.	Réduire les temps d'arrêt et le temps de préparation de l'intervention.
6	Décider des pièces à maintenir en stock.	Augmenter la disponibilité de l'installation.
7	Définir les pièces de rechange à approvisionner localement ou importer.	Réduire les coûts.
8	Gérer le budget du service maintenance.	Optimisation des charges de la maintenance.
9	Gérer le niveau de stock des pièces de rechange.	Assurer le fonctionnement continu des installations.

10	Elaboration des cahiers de charges pour l'achat d'équipement ou modification.	Choisir des équipements de bonne fiabilité (bonne conception) et faciles à maintenir.
11	Veiller à outiller convenablement le service	Augmenter la qualité des interventions.
12	Coordonner et organiser le travail des équipes.	Assurer la disponibilité de l'installation.
13	Veille à l'exécution et au développement de la maintenance préventive.	Transiter vers le travail planifié donc vers la maîtrise des pannes.
14	Développement et amélioration des méthodes de travail.	Optimisation et efficacité.
15	Propose le plan de formation pour l'amélioration et la mise à niveau des équipes.	Augmenter le niveau des équipes et développer leur polyvalence.
16	Analyser et résoudre les problèmes répétitifs.	Améliorer les performances.
17	Instaurer la culture de groupe de travail.	Motivation du personnel.
18	Choisir les sous-traitants.	Choix selon l'analyse multicritère.
19	Contrôler la présence des agents	Assurer un taux de présence élevé des agents de maintenance.
20	Proposer des projets d'améliorations et étudier la faisabilité de ces projets.	Réduction des couts de la maintenance.
21	Gérer l'achat des pièces de rechange d'urgence.	Diminuer le temps de réception et garantir un niveau de qualité recommandé.
22	Analyser l'historique de la maintenance (annuellement)	Réduire les couts de la maintenance.
23	Afficher les résultats de l'activité de la maintenance en termes de cout (annuellement)	Montrer le niveau de performance du service.

Tableau 6 : Tâches du responsable de service maintenance.

2.1.2. Tâches du chef d'équipe (électrique ou mécanique)

Les principales tâches du contremaître sont données dans le tableau suivant :

N°	Activités principales	Résultats attendus
1	Coordonner et organiser les travaux de l'équipe.	Assurer la disponibilité de l'installation.
2	Optimiser les interventions sur les équipements et réduire la maintenance curative.	Développer la maintenance préventive.
3	Exécuter le plan de maintenance préventive	Réduire la maintenance curative.

4	Contact et étroite collaboration avec les chefs d'équipes des autres services.	Viser l'intégrité entre les équipes.
5	Veille à une consommation optimale des consommables.	Réduction des coûts.
6	Propose et participe aux modifications pouvant engendrer une réduction des coûts et une augmentation du rendement.	Augmentation des performances.
7	- Suivi de l'activité de son équipe. - Propose le type de formation nécessaire pour les membres de son équipe. - Suivi de la disponibilité de l'outillage de tous les membres de son équipe.	Augmentation du rendement et efficacité.
8	- Participe à l'amélioration des conditions de travail de son équipe. - Etablir avec le responsable maintenance les appréciations de son équipe.	Augmentation du rendement et efficacité.
9	Former son équipe dans les mesures de sécurité.	Amélioration du niveau de sécurité.
10	Résoudre les conflits entre les membres de son équipe.	Assurer un climat de fraternité.
11	Signer les bons de sortie des pièces du magasin.	Diminuer le temps d'intervention.

Tableau 7 : Tâches du chef d'équipe (électrique ou mécanique)

2.1.3. Tâches du technicien de maintenance

Les principales tâches du technicien de maintenance sont données dans le tableau suivant :

N°	Activités principales	Résultats attendus
1	Intervention rapide et efficace sur les équipements à la suite d'une demande de travail.	Pour une meilleure performance.
2	Etalonnage et réglage.	Pour une meilleure qualité.
3	Exécution de la maintenance préventive.	Pour le soin des équipements et la réduction des problèmes.
4	Intervenir selon la priorité définie par son chef et le Responsable GTD.	Pour plus de rentabilité.
5	Dialoguer avec les exploitants des équipements et installations, et sensibilisation sur la manière d'utiliser les équipements.	Pour le soin des équipements et la réduction des problèmes.
6	Veiller à une consommation optimale des consommables.	Réduction des coûts.
7	Participer à l'élaboration et l'exécution des nouveaux projets.	Développer l'initiative

8	Proposer des modifications pouvant engendrer des réductions des coûts de la maintenance ou de la production.	Augmentation des performances.
9	S'assurer de la bonne tenue des endroits de ses interventions.	Amélioration de la qualité de travail.

Tableau 8 : Tâches du technicien de maintenance.

2.1.4. Tâches du responsable Gestion des Travaux et Documentation

Les principales tâches du responsable GTD sont données dans le tableau suivant :

N°	Activités principales	Résultats attendus
1	Gestion des demandes d'intervention selon leurs priorités.	Réaliser les plans de production.
2	Définir le planning de maintenance préventif hebdomadairement	Planifier les interventions préventives
3	Diffuser les interventions (Correctives/Préventives) sur les agents de maintenance.	Intégrer tous les agents de maintenance dans la réalisation des travaux.
4	Réalisation d'un inventaire des pièces de rechange pour la maintenance préventive.	Réussir l'implantation de la maintenance préventive.
5	Etablissement des réquisitions d'achats pour la maintenance préventive.	Réussir l'implantation de la maintenance préventive.
6	Signer les bons de sortie magasin.	Diminuer le temps d'intervention.
7	Rechercher et collecter les documents et informations.	Réaliser les dossiers des biens.
8	Contrôler, dès réception, les éléments de documentation émanant des fournisseurs.	Avoir une documentation utile pour réaliser les modes opératoires, plan de maintenance, etc ...
9	Coordonner et planifier les tâches nécessaires à l'élaboration des documents.	Chaque acteur dispose, au moment où il en a besoin, des informations fiables qui lui sont nécessaires pour accomplir ses missions et réaliser ses actions.
10	Enregistrer les interventions.	Assurer la traçabilité dans le temps de tous les événements survenus sur l'équipement.
11	Mettre en place une structure de mise à jour et de maintenance de l'ensemble des documents.	Suivre les modifications techniques.
13	Rédiger les procédures d'utilisation.	Diminuer le nombre arrêts dus aux fausses manœuvres de l'utilisateur de l'équipement.
14	Editer la documentation.	Accès facile à la documentation.

| 15 | Rédiger les modes opératoires de maintenance. | - Réduire le temps d'interventions.
- Faciliter l'apprentissage pour les nouveaux arrivants. |
| 16 | Suivre l'exécution des opérations de la maintenance de premier niveau. | Tous les opérateurs exécutent l'ensemble des taches prédéfinis. |

Tableau 9 : Tâches du responsable GTD.

3. Structuration de la gestion des interventions

Avant de monter un système pour gérer la maintenance préventif, il faut savoir gérer efficacement ce que l'on fait déjà, en particulier les urgences, c'est-à-dire la plupart des interventions d'entretien et de réparation. Pour ce faire, il faut simplifier le processus allant de la demande d'intervention jusqu'au rapport d'intervention.

Il faut également procéder à une codification simple et logique de tous les équipements en tenant compte des autres services de la **SCIF** qui utiliseront cette codification (exemple: production, comptabilité ...).

Voici donc les deux étapes initiales:

- N°1 : Inventorisation et codification des équipements
- N°2 : Gestion des interventions

3.1. Inventorisation et codification des équipements

Dés nos premiers jours on a fait l'inventaire des équipements qui existant dans les différents ateliers, on a codifié chacun des équipements inventoriés pour permettre la gestion des dossiers machines, et à la fin on a classé les équipements par familles (Voir annexe 2 pour visualiser le classement des équipements en famille de machine ainsi que les listes des équipements de chaque atelier).

Cette codification devient en quelque sorte l'identification principale de l'équipement aussi longtemps qu'il sera dans l'usine et ce code restera le dénominateur commun pour tous les services de la **SCIF** pour lui faire référence (Production, Maintenance, ...).

Le code est divisé en deux parties:

- La 1ère partie du code est le code famille de équipement, ce dernier est constitué d'une lettre est un chiffre, donnant comme exemple D2 : la famille des oxycoupeuses.
- La 2^{éme} partie est le numéro d'ordre de l'équipement dans sa famille qui est constitué par deux chiffres (01, 02, 03...), donnant l'exemple de l'oxycoupeuse numérique MESSER D208.

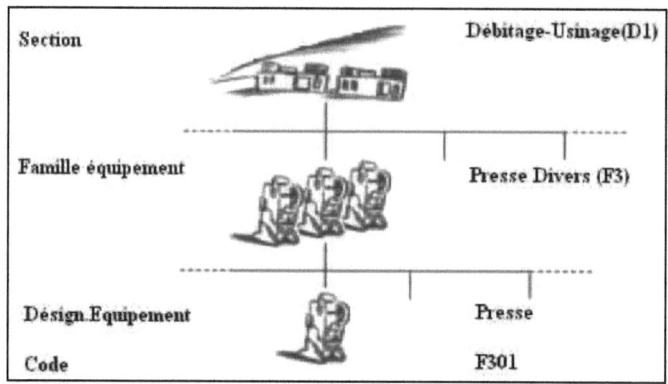

Section	Débitage-Usinage(D1)
Famille équipement	Presse Divers (F3)
Désign.Equipement	Presse
Code	F301

Figure 14 : Exemple de codification des presses de section débitage usinage

Nous avons utilisé une codification simple afin d'éviter les erreurs et de faciliter la communication entre tous les intervenants.

On sur estime quelquefois la capacité de mémoire des gens par des abus de codages peu compatibles ou par des accumulations d'informations, sans tenir compte du fait que la mémoire humaine est extrêmement limitée à certains égards (mémoire à court terme).donc l'avantage de cette codification c'est quelle est facile a utilisé et a mémoriser.

3.2. La gestion documentaire des interventions

3.2.1. Fiche Demande d'Intervention

Afin de faciliter les communications entre la production et le service maintenance, il serait intéressant d'avoir un formulaire simple pour rapporter les différents problèmes perçus par les opérateurs sur un équipement. Le but est tout simplement de signaler le problème observé en le décrivant sommairement en plus d'y ajouter des commentaires et suggestions.

La fiche demande d'intervention (Voir annexe 3) qu'on propose est renseigné par le « Demandeur » (Chef d'atelier ou opérateur) et transmis au « Récepteur » (Responsable GTD) pour définir de façon précise l'intervention demandée ainsi que son contexte. Cette demande comportera donc plusieurs paramètres tels que :

o   Date et heure de la demande ;
o   Nom du demandeur et service ;
o   Identification et localisation du bien concerné (machine, installation, section, ...) ;
o   Descriptif du contexte : symptômes de défaillance... ;
o   Degré d'urgence ;
o   Etc.

En ce qui concerne le degré d'urgence, celui-ci doit être défini de façon réaliste en fonction de paramètres objectifs connus et acceptés par les deux partenaires. Cette détermination du degré d'urgence est indispensable à la fonction maintenance pour ordonnancer et planifier sa charge de travail.

3.2.2. Fiche Bon de Travail

Pour gérer les interventions, l'utilisation d'un bon de travail est essentielle. Le bon de travail est le document qui permet de recueillir toute l'information nécessaire à la gestion des interventions. La génération d'un bon de travail est suite par le déclenchement des travaux de maintenance (C'est un outil de déclenchement des travaux).

Tout travail de maintenance (Maintenance préventif systématique, dépannage, réparation) doit être justifié par un Bon de Travail préparé et émis à l'avance par le responsable GTD.

Le Bon de Travail (Voir annexe 3) que nous avons conçue comprend les informations suivantes :

o Localisation de l'équipement qui nécessite une intervention ;
o Désignation et code de l'équipement ;
o Noms des intervenants;
o Date et heure de début d'intervention ;
o Le temps estimé pour le travail ;
o Une brève description des travaux à réalisés ;
o Pièces de rechanges et outillages requises pour l'intervention ;
o Consignes de sécurité.

3.2.3. Fiche Rapport d'Intervention

Ce formulaire doit être rempli par le(s) intervenant(s), dès que le travail opérationnel est terminé. Une intervention n'est terminée que lorsque son rapport d'intervention a été renseigné. Base essentielle du dossier historique du bien, ce rapport doit contenir tous les paramètres nécessaires à la gestion technique et économique de l'intervention et du bien en général. Le rapport d'intervention que nous avons conçu (Voir annexe 3) comportera les champs suivants :

o Nom de l'intervenant ou du responsable de l'équipe d'intervention ;
o Méthode de maintenance (corrective/préventive) ;
o Description de l'intervention ;
o Diagnostic éventuel ;
o Durée de l'intervention ;
o Pièces changées ;
o Nombre d'heures de maintenance opérationnelle ;
o Etc.

Les avantages du formulaire :

✤ Historique compilé : Le recopiage des informations des rapports d'interventions d'un équipement donné dans la fiche « Historique d'équipement », devient directement l'historique des travaux sur cet équipement.

✤ Agent maintenance: le formulaire est conçu d'une manière simple afin de faciliter la tâche de remplissage des informations concernant l'intervention par l'intervenant.

3.2.4. Fiche Visite Préventive

La fiche visite préventive (Voir annexe 3) doit permettre la vérification à des périodes raisonnables des éléments de l'équipement pour minimiser leur défaillance.

La fiche ne regroupe que les opérations de même périodicité, d'une même équipe de travail d'un équipement ou plusieurs. Ainsi la fiche de visite préventive contient les informations suivantes:

o Partie établie par le responsable GTD :

Opérations : cette colonne contient une liste des opérations de même périodicité et destinées à une équipe donnée pour effectuer le contrôle ou la visite.

Moyens : ce sont des moyens matériels ou documentaires qui aident pour exécuter les travaux demandés, Ils pourront être :

✤ Outillages spéciaux.
✤ N° de plan.
✤ Référence de l'instruction technique.

Valeur / Référence : c'est une valeur référentielle correspondant à la marche normale de l'installation. Elle peut être soit une valeur fixe soit un intervalle de valeurs.

N° Bon de Travail : C'est le numéro de l'BT qui accompagne le lancement des travaux de prévention.

Intervenants : on note le nom ou matricule de tous les intervenants qui devront participer aux travaux.

o Partie remplie par les intervenants :

Valeur / Mesure : C'est une valeur mesurée ou lue sur l'instrument installé.

Etat : les intervenants donneront leurs appréciations en marquant :

1. Rien à signaler
2. Début dégradation
3. Dégradation avancée
4. Intervention immédiate

Remarque : ces appréciations pourront se faire d'après l'état observé du matériel visité ou d'après la comparaison entre la valeur mesurée ou lue avec la valeur de référence donnée précédemment.

Intervention : A coché lorsque l'agent qui fait l'inspection trouve que l'équipement demande une intervention, si urgent et s'il peut intervenir, il doit cordonner avec son chef et commence l'intervention, sinon ils doivent le planifier avec le responsable GTD

Remarque : Le rapport d'intervention doit être attaché à la fiche visite préventif et le tous doit être envoyé au responsable GTD.

Observations des intervenants : cette colonne est réservée pour toutes les remarques ou les précisions apportées par les intervenants.

Les intervenants notes aussi le temps aussi le « temps passé » en bas de cette colonne .Cela permet aux responsable GTD d'ajuster le planning de charge.

3.3. Procédures d'intervenir

3.3.1. Interventions correctives

Les interventions correctives suivront une procédure bien organisée expliquée en détail sur l'organigramme suivant :

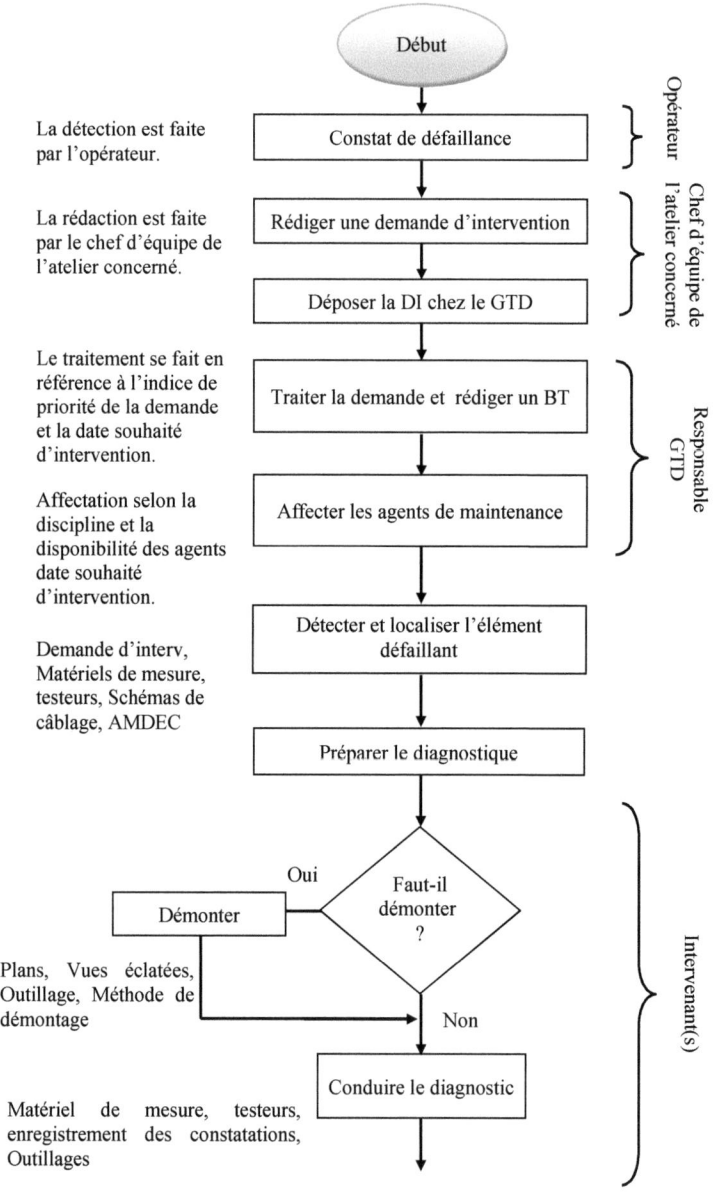

La détection est faite par l'opérateur.

La rédaction est faite par le chef d'équipe de l'atelier concerné.

Le traitement se fait en référence à l'indice de priorité de la demande et la date souhaité d'intervention.

Affectation selon la discipline et la disponibilité des agents date souhaité d'intervention.

Demande d'interv, Matériels de mesure, testeurs, Schémas de câblage, AMDEC

Opérateur

Chef d'équipe de l'atelier concerné

Responsable GTD

Plans, Vues éclatées, Outillage, Méthode de démontage

Matériel de mesure, testeurs, enregistrement des constatations, Outillages

Intervenant(s)

Début

Constat de défaillance

Rédiger une demande d'intervention

Déposer la DI chez le GTD

Traiter la demande et rédiger un BT

Affecter les agents de maintenance

Détecter et localiser l'élément défaillant

Préparer le diagnostique

Démonter

Oui

Faut-il démonter ?

Non

Conduire le diagnostic

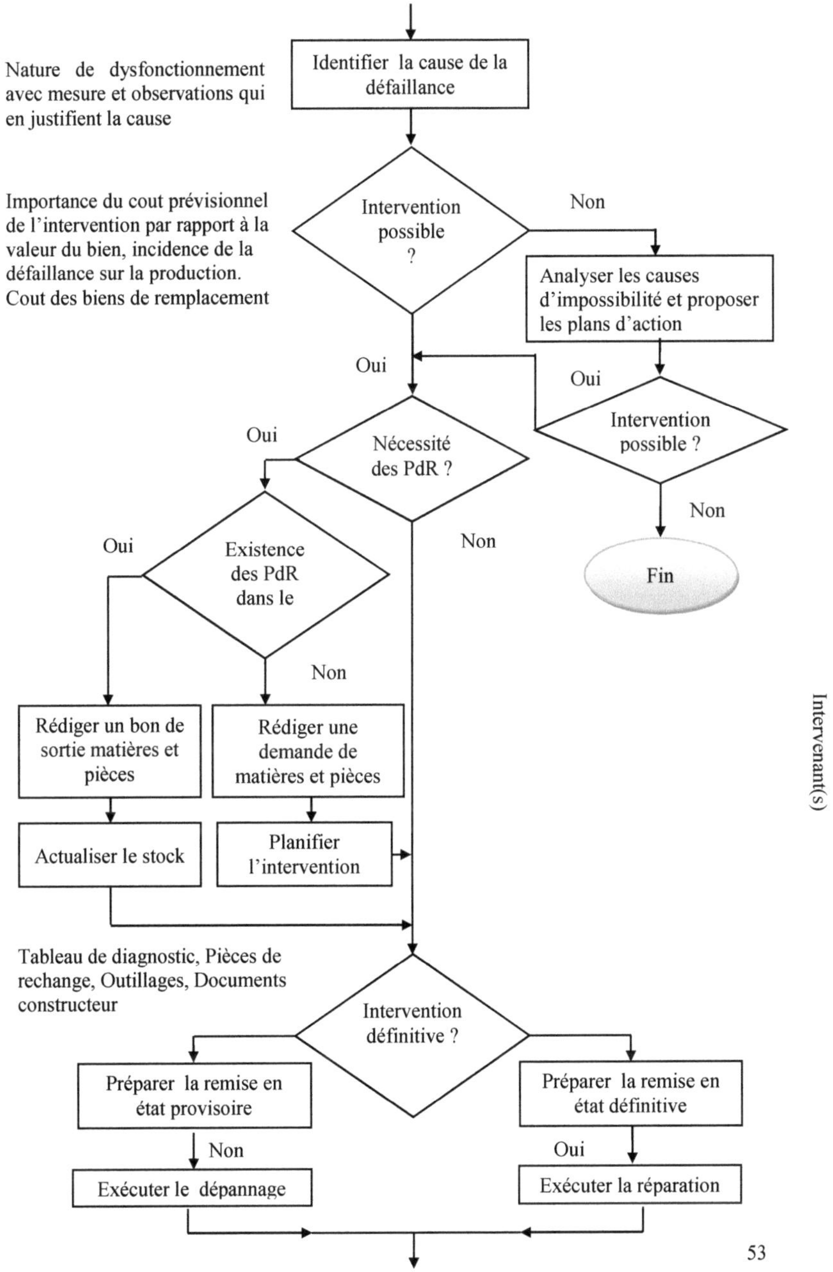

Nature de dysfonctionnement avec mesure et observations qui en justifient la cause

Identifier la cause de la défaillance

Importance du cout prévisionnel de l'intervention par rapport à la valeur du bien, incidence de la défaillance sur la production. Cout des biens de remplacement

Intervention possible ?

Non

Analyser les causes d'impossibilité et proposer les plans d'action

Oui

Oui

Nécessité des PdR ?

Oui

Intervention possible ?

Non

Oui

Existence des PdR dans le

Non

Fin

Non

Oui

Rédiger un bon de sortie matières et pièces

Rédiger une demande de matières et pièces

Actualiser le stock

Planifier l'intervention

Intervenant(s)

Tableau de diagnostic, Pièces de rechange, Outillages, Documents constructeur

Intervention définitive ?

Préparer la remise en état provisoire

Préparer la remise en état définitive

Non

Oui

Exécuter le dépannage

Exécuter la réparation

53

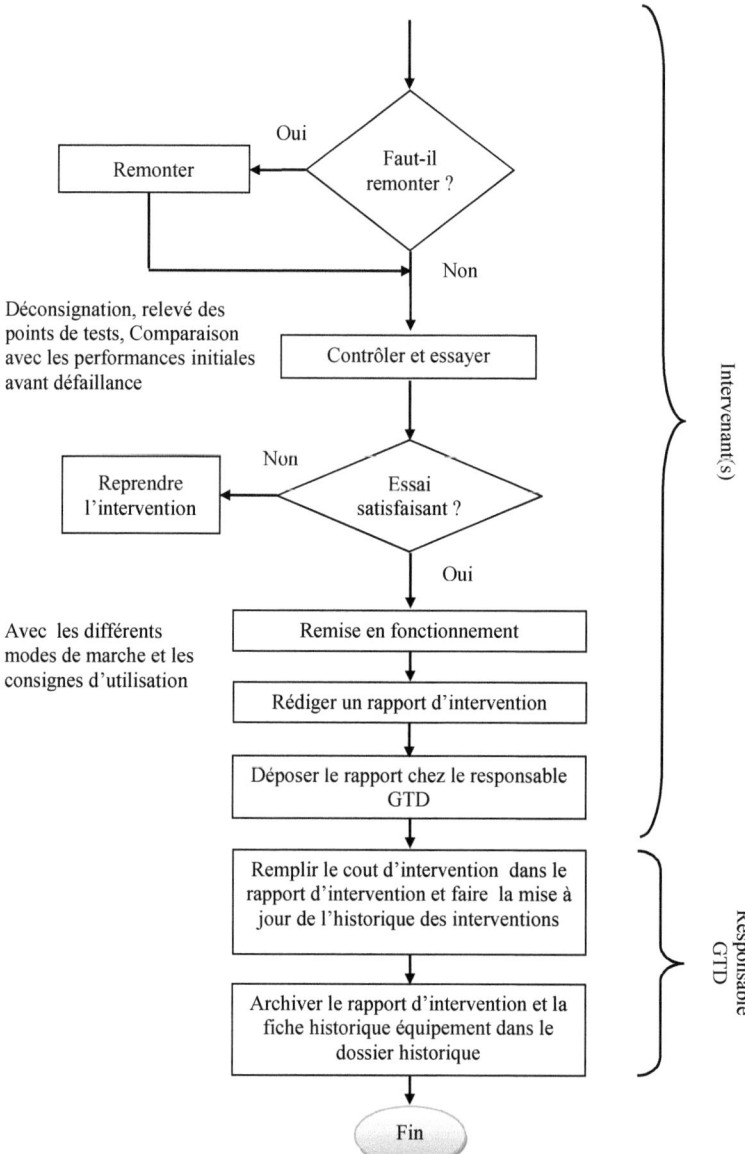

Figure 15 : Organigramme d'une intervention corrective

3.3.2. Interventions préventives

Le responsable Gestion des Travaux et Documentation est chargé de planifier les taches préventives, de faire le suivi des réalisations, de sélectionner l'équipe maintenance préventive, d'affecter à chacun des techniciens les machines dont il sera responsable, par contre le responsable du service maintenance à la charge de modifier les gammes et d'avoir une idée précise sur les coûts de la maintenance préventive.

Les interventions préventives suivront une démarche bien précise, celle-ci est bien détaillée sur l'organigramme ci-dessous :

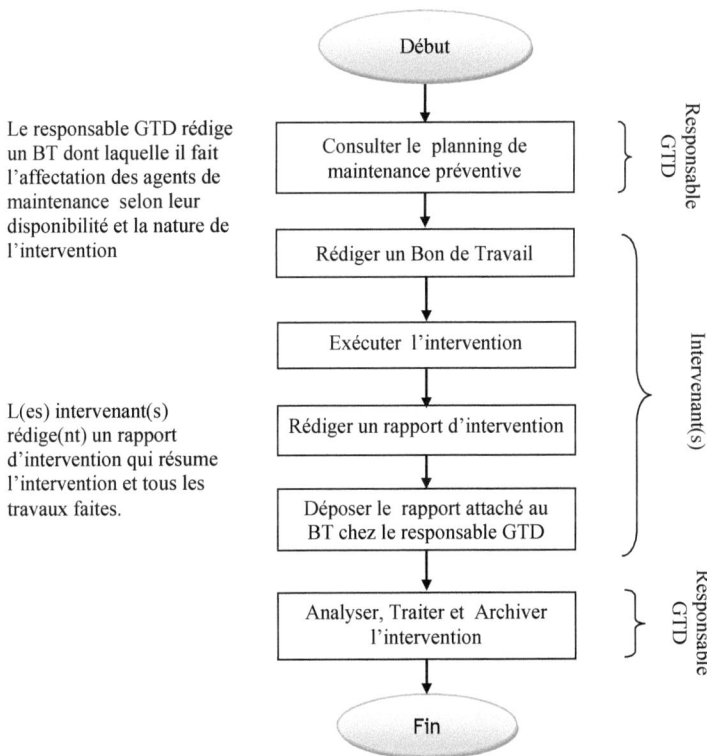

Figure 16 : Organigramme d'une intervention préventive systémique

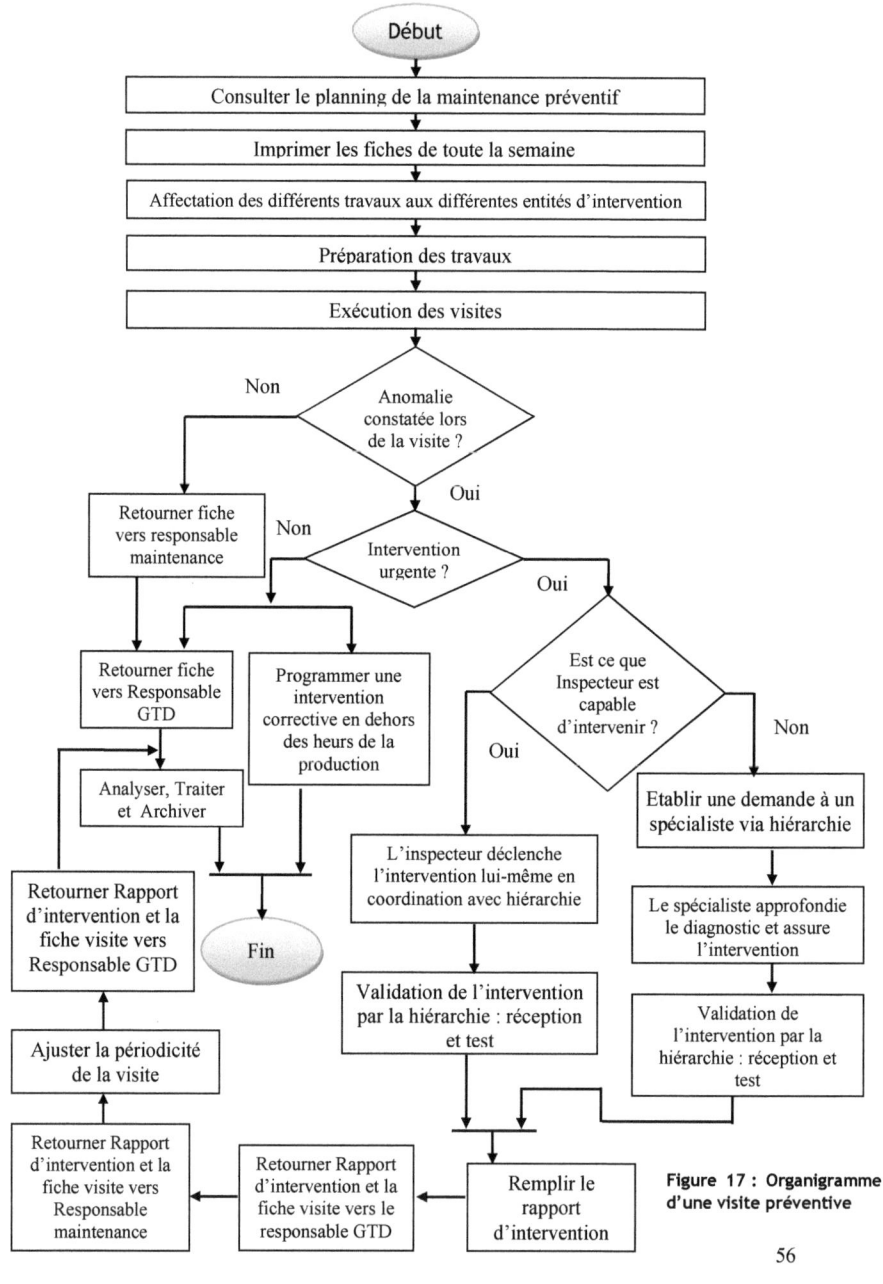

Début

Consulter le planning de la maintenance préventif

Imprimer les fiches de toute la semaine

Affectation des différents travaux aux différentes entités d'intervention

Préparation des travaux

Exécution des visites

Anomalie constatée lors de la visite ? — Non

Oui

Intervention urgente ? — Non

Retourner fiche vers responsable maintenance — Non

Oui

Retourner fiche vers Responsable GTD

Programmer une intervention corrective en dehors des heurs de la production

Est ce que Inspecteur est capable d'intervenir ?

Oui

Non

Analyser, Traiter et Archiver

Etablir une demande à un spécialiste via hiérarchie

Retourner Rapport d'intervention et la fiche visite vers Responsable GTD

Fin

L'inspecteur déclenche l'intervention lui-même en coordination avec hiérarchie

Le spécialiste approfondie le diagnostic et assure l'intervention

Ajuster la périodicité de la visite

Validation de l'intervention par la hiérarchie : réception et test

Validation de l'intervention par la hiérarchie : réception et test

Retourner Rapport d'intervention et la fiche visite vers Responsable maintenance

Retourner Rapport d'intervention et la fiche visite vers le responsable GTD

Remplir le rapport d'intervention

Figure 17 : Organigramme d'une visite préventive

56

4. Implantation de la maintenance de premier niveau et de la maintenance préventive.

Une fois le processus de gestion des réparations simplifié et allégé, il devient plus facile de se lancer dans la grande aventure de la maintenance préventive. En fait, la table est mise et il ne s'agit que de structurer la manière de procéder. Bien sûr il y a la tâche énorme de collecte d'informations sur les équipements, mais avant cette tache il faut faire une analyse fonctionnelle et une étude critique (**AMDEC**) sur les équipements critique afin de découper hiérarchiquement les fonctions et d'analyser les différents modes de défaillances, de leurs effets et de leurs criticité afin d'agir sur les défaillances critique qui pénalise le fonctionnement normale de l'équipement.

L'élaboration d'un programme adapté demande la participation de tous les intervenants (agents de la production, Agents de la maintenance...). La bonne compréhension du rôle de la maintenance préventif est essentielle au succès d'une d'une telle entreprise, durant notre collecte des informations, nous avons essayé d'expliquer aux agents l'importance d'implanter de la maintenance préventive.

Voici donc la suite logique des étapes que nous avons suit pour élaborer un plan de maintenance préventive efficace.

o Compilation du fiche technique équipement ;
o Choisir les équipements à inclure dans le programme ;
o Procédures d'intervenir.

4.1. La fiche technique d'équipement

En fait, il est fortement suggérer de commencer par un programme monté sur papier et de l'adapter au fil du temps selon les besoins. Une fois bien rodée, les ajustements effectués, l'expérience acquise servira grandement pour le choix ou le développement du logiciel si tel en est le besoin.

4.1.1. Compilation de la fiche technique équipement :

La fiche technique équipement (Voir annexe 4) sert à établir le fichier-maître de l'entreprise concernant tous ses équipements. Elle servira de document de référence pour compiler les informations techniques sur les équipements qui pourront par la suite être utilisées par les différents services de l'entreprise.

Mais pour la maintenance, cette fiche est le point de départ et souvent le premier obstacle à franchir en vue de monter un plan de maintenance préventive. En plus des informations de base sur les caractéristiques techniques de l'équipement, la fiche technique équipement liste les principales pièces de rechange critiques pour l'entretien avec leur référence, le fournisseur, la garantie applicable, la maintenance de premier niveau etc. On a remplie cette fiche pour les équipements critiques on se basant sur le manuel technique de la machine les informations collectées d'après les agents de la maintenance et de la production (Voir annexe 4 pour envisager un exemple rempli : Pont Roulant).

Cette fiche, que nous proposons, donne une description détaillée de l'équipement en comprenant les champs d'informations suivants:

- o Son identification (Section, famille, désignation, codification, marque, modèle...);
- o Une photo de l'équipement et, composantes essentielles, différents points de graissage...;
- o Les informations sur l'achat (date, fournisseur, manufacturier, garanties, ...);
- o Caractéristique technique (sources d'énergie, alimentation en air, eau, gaz, huile, spécifications sur les moteurs, ...);
- o La liste des pièces de rechange critiques ;
- o Consignes d'utilisation ;
- o Liste des opérations de la maintenance de premier niveau ;
- o Les MÉPI (moyens et équipements de protection individuelle) pour l'opérateur;

4.1.2. Les avantages de la fiche technique équipement:

Cette fiche est remplie à partir du manuel technique du manufacturier ainsi qu'avec les connaissances des agents de la maintenance et de la production. Cette étape constitue une collecte de données considérable mais combien profitable pour tous. La réalisation des fiches techniques permet à tous les services de l'entreprise ainsi qu'à des intervenants externes (Sous-traitants) de connaître facilement et rapidement les caractéristiques des équipements pour leurs besoins particuliers.

Voici un résumé des nombreux avantages de cette fiche pour les différents intervenants:

- *Marketing :*

Un cartable avec toutes les fiches permet aux représentants de transporter l'entreprise avec eux afin de présenter à d'éventuels clients les équipements disponibles.

- *Finance :*

Elle est de plus très utile aux banquiers lors de demande de financement car on est en mesure de mieux juger de l'actif de l'entreprise, de son sérieux et de son professionnalisme.

- *Production :*

Pour les opérateurs qui travail sur l'équipement, cette fiche sa sera très utile pour eux car elle contient les consignes d'utilisation qui permettent aux opérateurs de savoir comment faire fonctionner l'équipement (un outil d'apprentissage).

- *Achats :*

Pour les responsables des achats, on sauve un temps énorme en facilitant la recherche des divers fournisseurs autant pour la machine que pour les pièces critiques.

- *Sécurité :*

Cette fiche nous permet de choisir les types des équipements de protection individuel nécessaire pour travailler on toute sécurité sur l'équipement.

- *Maintenance :*

Cette fiche nous permet de lister toutes les opérations de maintenance de premier niveau et les différents points de graissage, elle représente ainsi un outil de déclanchement des travaux de maintenance de 1er niveau, mais les détailles de la maintenance de premier niveau de chaque équipement est présenter à part dans le dossier équipement (Voir annexe 6).

Elle nous permet aussi de diminuer le temps des interventions car le temps d'achats va être démuni à cause de la liste des pièces de rechanges critique et leurs références, cela va faciliter beaucoup le travail du service d'achat et la réussite de l'implantation de la maintenance préventive.

4.2. Choix des équipements critiques

Cette étape est l'une des plus importantes dans l'implantation d'un programme de maintenance préventive. En effet, nous recommandons de commencer la maintenance préventive avec un minimum d'équipements, les équipements de l'atelier débitage-usinage et de l'atelier chaudronnerie, afin de s'assurer du bon fonctionnement du programme plutôt que d'inclure toutes les machines dès le début et de ne pouvoir effectuer l'objectif correctement.

La société n'a pas d'historique, il ya donc impossibilité de trouver un critère selon lequel on peut classer les différents équipements et d'en déceler les plus critiques, c'est pourquoi on a proposé de chercher le maximum d'informations (critères) qui peuvent refléter la criticité des différents équipements et dont l'information est disponible sur le terrain et chez les agents de maintenance.

On a utilisé l'outil brainstorming pour trouver l'ensemble de ces critères cherchés.

4.2.1. Détermination des critères de jugement de la criticité

La mise en application du brainstorming est comme suivant :

- Le thème du brainstorming :

Les critères de jugement de la criticité des équipements de la SCIF.

- L'explication du thème :

Nous cherchons à trouver les équipements critiques de la SCIF, pour évaluer la criticité de chaque équipement, on va alors chercher le maximum des critères qui présentent le terrain et en combinant ces différents critères selon une manière de calcul, pour déterminer les pondérations de chaque critère choisi, on va avoir la criticité de chaque équipement.

- Le groupe de travail :

  o Abdeslem CHERQAOUI & Ali ALLAOUI : Elèves - Ingénieurs en Génie Industriel et Logistiques à l'Ecole Nationale des Sciences Appliquées de Marrakech.
  o M. Rachid BOUALLAGA ; M. Abdelilah BOUMAROUAN ; M. Boujemaa FADOUCHI : Agents de maintenance.

- Les idées émises :

L'ensemble des idées émises lors du brainstorming sont les suivantes :

1. Sécurité	15. Durée d'intervention
2. Cout direct de maintenance	16. Environnement de travail
3. Cout indirect de maintenance	17. Qualité
4. Taux de marche	18. Poussière
5. Production	19. Politique de la société
6. Agents de maintenance	20. Marché des wagons
7. Existence des compétences humaines	21. Débitage
8. Logistique de maintenance	22. Sections
9. Fonctionnalité de la machine	23. Outillages
10. Humidité	24. Expérience
11. Disponibilité des pièces de rechange	
12. Durée de bon fonctionnement	
13. Complexité technologique	
14. Existence des équipements identiques	

À ce stade de proposition, on a cité suffisamment de critères qui vont nous permettre d'avoir une évaluation précise de la criticité de chaque équipement.

La raison de choix parmi toutes ces propositions est donc de choisir les critères qui reflètent le plus la criticité des équipements et dont l'information est disponible, ce sont alors les suivants :

1. Complexité technologique	5. Fonctionnalité de la machine
2. Existence des compétences humaines	6. Sécurité du personnel
3. Disponibilité des pièces de rechange	7. Taux de marche
4. Existence des équipements identiques	8. Environnement de travail

- Explication des critères :

Complexité technologique

⊕ *Simple*   *0*

⊕ *Complexe*   *1*

⊕ *Très complexe*   *2*

Règles d'évaluation :

Parmi les domaines technologiques suivant :

Mécanique, Electrique, Hydraulique, Pneumatique, Informatique, Automatique, Autres

1 seul domaine	Equipement *simple*
2 domaines	Equipement *complexe*
3 domaine et plus	Equipement *très complexe*

Existence des compétences humaines

⊕ *Existantes*   *0*

⊕ *Moyennement existantes*   *1*

⊕ *Non existantes*   *2*

Règles d'évaluation :

Existent t-ils des compétences humaines capables d'entretenir l'équipement ?

Si toutes les parties de l'équipement sont assumées par le service maintenance.	Compétence humaines *existantes*.
Si des parties de l'équipement sont assumées par le service maintenance et d'autre sont à sous traiter.	Compétences humaines *moyennement existantes*.
Equipement complètement à sous-traiter.	Compétence humaines *non existantes*.

Disponibilité des pièces de rechange

⊕ *Disponibles*   *0*

⊕ *Moyennement disponibles*   *1*

⊕ *Non disponibles*   *2*

Règles d'évaluation :

Dans quel délai peut-on avoir les pièces de rechange critiques de l'équipement ?

En cas de disponibilité des pièces de rechange dans un délai très proche (en stock).	Pièces de rechange *disponibles*
En cas de disponibilité dans un délai proche.	Pièces de rechange *moyennement disponibles*
En cas de non disponibilité dans tout les cas.	Pièces de rechange *non disponible*

Existence des équipements identiques

⊕ *Existants*   *0*

⊕ *Moyennement existants*   *1*

⊕ *Non existants*   *2*

Règles d'évaluation :

Existent t-ils des équipements identiques pour un remplacement en cas de panne ?

S'il ya deux ou plus équipements identiques pour remplacer l'équipement en cas de panne.	Equipements identiques *existants.*
S'il ya un seul équipement identique pour remplacer l'équipement en cas de panne.	Equipements identiques *moyennement existants.*
Si aucun équipement identique n'existe.	Equipements identiques *non existants.*

Fonctionnalité de la machine

⊕ *Monofonctionnelle*   *0*

⊕ *Bi-fonctionnelle*   *1*

⊕ *Multifonctionnelle*   *2*

Règles d'évaluation :

Combien de fonction a-t-il l'équipement ?

L'équipement a une seul fonction.	Equipement *monofonctionnelle.*
L'équipement a deux fonctions.	Equipement *bi-fonctionnelle.*
L'équipement a trois fonctions ou plus	Equipement *multifonctionnelle.*

Sécurité de personnel

⊕ *Aucun risque*   *0*

⊕ *Risque mineur*   *1*

⊕ *Risque majeur*   *2*

Règles d'évaluation :

Quels sont les risques de l'équipement ?

Lorsque l'équipement est bien sécurisé	*Aucun risque.*
Lorsque l'équipement a un risque à dommage faible.	*Un risque mineur.*
Lorsque le risque porte un dommage sur l'être humain ou sur les biens matériels.	*Un risque majeur.*

Taux de marche

⊕ *Episodique*   *0*

⊕ *Intermittent*   *1*

⊕ *Continu*   *2*

Règles d'évaluation :

Comment est t-il l'engagement de l'équipement dans l'exploitation?

L'équipement a un taux de charge faible et son importance dans le processus de fabrication est secondaire.	*Episodique*
L'équipement a un taux de charge moyenne et son importance dans le processus de fabrication est principal.	*Intermittent*
L'équipement a un taux de charge est élevé et son importance vitale dans le processus de fabrication.	*Continu*

Environnement de travail

⊕ *Milieu propre*   *0*

⊕ *Milieu moyennement propre*   *1*

⊕ *Milieu non propre*   *2*

Règles d'évaluation :

Pas de poussière dans le milieu, l'humidité n'a pas d'influence sur l'équipement, Pas d'huile dans le milieu	*Propre*
Moyennement poussiéreux, L'humidité n'influence pas trop le bon fonctionnement l'équipement	*Moyennement propre*
Très poussiéreux, L'Humidité influence le bon fonctionnement de l'équipement	*Non propre*

Il reste alors de donner à chacun de ces critères un coefficient fonction de son importance en vue de déterminer la criticité de chaque équipement, pour ceci on a fais recours à une méthode de détermination de ces pondérations à partir des différentes comparaisons entre les différents critères.

4.2.2. Evaluation de l'incohérence des jugements et détermination des pondérations

L'ensemble des critères précédemment choisis sont :

C1 : Complexité technologique   C5 : Fonctionnalité de la machine

C2 : Existence des compétences humaines   C6 : Sécurité du personnel

C3 : Disponibilité des pièces de rechange   C7 : Taux de marche

C4 : Existence des équipements identiques   C8 : Environnement de travail

La méthode utilisée pour étudier la cohérence des jugements est inspiré de l'AHP ; outil de l'analyse multicritères : elle se compose de 3 parties :

- o Matrice de comparaison de paires de critères ;
- o Matrice des priorités au niveau des critères ;
- o Evaluation du degré d'incohérence des critères de décision ;

- Matrice de comparaison de paires de critères :

On prend chaque deux critères et on les compare entre eux, ainsi si C1 = 3 C8 donc C8 = 0,33 C1, et ainsi de suite pour le reste des critères, ce travail demande une concentration et un grand reflex.

	C1	C2	C3	C4	C5	C6	C7	C8
C1	1,00	0,50	0,33	0,33	0,50	0,20	0,25	3,00
C2	2,00	1,00	0,50	0,33	0,50	0,25	0,33	3,00
C3	3,00	2,00	1,00	2,00	2,00	0,25	0,25	5,00
C4	3,00	3,00	0,50	1,00	0,50	0,25	0,25	3,00
C5	2,00	2,00	0,50	2,00	1,00	0,25	0,33	3,00
C6	5,00	4,00	4,00	4,00	4,00	1,00	2,00	5,00
C7	4,00	3,00	4,00	4,00	3,00	0,50	1,00	5,00
C8	0,33	0,33	0,20	0,33	0,33	0,20	0,20	1,00
Somme	20,33	15,83	11,03	14,00	11,83	2,90	4,62	28,00

Tableau 10 : Matrice de comparaison de paires de critères

Remarque : la somme se fait verticalement.

- Matrice des priorités au niveau des critères :

Le calcul se fait de la manière suivante; dans la matrice de comparaison des paires de critères, on prend chaque case C_iC_j et on la divise par la somme correspondante à la case C_j; ainsi la case $C_1C_8 = 3$ divisée par la somme qui correspond à C_8 qui égale à 28 donne 0,11 et ainsi de même pour le reste du calcul.

	C1	C2	C3	C4	C5	C6	C7	C8	Moyenne	Priorité des critères
C1	0,05	0,03	0,03	0,02	0,04	0,07	0,05	0,11	0,05	7
C2	0,10	0,06	0,05	0,02	0,04	0,09	0,07	0,11	0,07	6
C3	0,15	0,13	0,09	0,14	0,17	0,09	0,05	0,18	0,12	3
C4	0,15	0,19	0,05	0,07	0,04	0,09	0,05	0,11	0,09	5
C5	0,10	0,13	0,05	0,14	0,08	0,09	0,07	0,11	0,10	4
C6	0,25	0,25	0,36	0,29	0,34	0,34	0,43	0,18	0,31	1
C7	0,20	0,19	0,36	0,29	0,25	0,17	0,22	0,18	0,23	2
C8	0,02	0,02	0,02	0,02	0,03	0,07	0,04	0,04	0,03	8

Tableau 11 : Matrice des priorités au niveau des critères

Il parait très clairement que le classement des critères (Priorité des critères) est trop logique.

Ce qui reste c'est de calculer le ratio qui va nous aider à évaluer le degré d'incohérence des critères de décision, pour ce faire, on procède par le calcul matriciel suivant : On multiplie la moyenne correspondante à la ligne C_i (au niveau de la matrice des priorités au niveau des critères) par les cases de la colonne C_j (avec i=j) ;

Les couleurs sont suffisantes pour montrer quelle moyenne sera multipliée par quelles cases de la même colonne.

Matrice de comparaison des paires de critères								
	C1	C2	C3	C4	C5	C6	C7	C8
C1	1,00	0,50	0,33	0,33	0,50	0,20	0,25	3,00
C2	2,00	1,00	0,50	0,33	0,50	0,25	0,33	3,00
C3	3,00	2,00	1,00	2,00	2,00	0,25	0,25	5,00
C4	3,00	3,00	0,50	1,00	0,50	0,25	0,25	3,00
C5	2,00	2,00	0,50	2,00	1,00	0,25	0,33	3,00
C6	5,00	4,00	4,00	4,00	4,00	1,00	2,00	5,00
C7	4,00	3,00	4,00	4,00	3,00	0,50	1,00	5,00
C8	0,33	0,33	0,20	0,33	0,33	0,20	0,20	1,00
Somme	20,33	15,83	11,03	14,00	11,83	2,90	4,62	28,00

Matrice des priorités au niveau des critères									
	C1	C2	C3	C4	C5	C6	C7	C8	Moyenne
C1	0,05	0,03	0,03	0,02	0,04	0,07	0,05	0,11	0,05
C2	0,10	0,06	0,05	0,02	0,04	0,09	0,07	0,11	0,07
C3	0,15	0,13	0,09	0,14	0,17	0,09	0,05	0,18	0,12
C4	0,15	0,19	0,05	0,07	0,04	0,09	0,05	0,11	0,09
C5	0,10	0,13	0,05	0,14	0,08	0,09	0,07	0,11	0,10
C6	0,25	0,25	0,36	0,29	0,34	0,34	0,43	0,18	0,31
C7	0,20	0,19	0,36	0,29	0,25	0,17	0,22	0,18	0,23
C8	0,02	0,02	0,02	0,02	0,03	0,07	0,04	0,04	0,03

Tableau 12 : Calcul d'évaluation du degré d'incohérence

Après ce calcul on aura les résultats suivants (couleur verte). On calcul la somme des cases de la même ligne puis on divise la somme de la ligne C_i, de la matrice suivante, par la moyenne C_i de la matrice de priorités ; on aura les coefficients Ci'. Exemple : (Somme C4 = 0,79)/(Moyenne C4 = 0,09) => C4' = 8,47

	C1	C2	C3	C4	C5	C6	C7	C8	Somme		
C1	0,05	0,03	0,04	0,03	0,05	0,06	0,06	0,10	0,42	C1'	8,24
C2	0,10	0,07	0,06	0,03	0,05	0,08	0,08	0,10	0,56	C2'	8,31
C3	0,15	0,13	0,12	0,19	0,19	0,08	0,06	0,16	1,08	C3'	8,70
C4	0,15	0,20	0,06	0,09	0,05	0,08	0,06	0,10	0,79	C4'	8,47
C5	0,10	0,13	0,06	0,19	0,10	0,08	0,08	0,10	0,83	C5'	8,70
C6	0,25	0,27	0,50	0,37	0,38	0,31	0,46	0,16	2,70	C6'	8,86
C7	0,20	0,20	0,50	0,37	0,29	0,15	0,23	0,16	2,11	C7'	9,08
C8	0,02	0,02	0,02	0,03	0,03	0,06	0,05	0,03	0,27	C8'	8,34

Tableau 13 : Calcul d'évaluation du degré d'incohérence

Après avoir déterminé les différents Ci' :
- On calcul le paramètre λ_{max} :

$$\lambda_{max} = \text{moyenne (C1', C2', C3' ...C8')} = 8,59 \ (1)$$

- On calcule l'indice de cohérence IC à partir de λmax par la relation suivante :

$$IC = (\lambda_{max} - n)/(n - 1) = 0,08 \ (2)$$

Avec « n » : le nombre des critères ; égale 8 dans notre situation.

- Il ne reste alors que de calculer le ratio de cohérence par la relation suivante :

$$Rc = IC / IA = 5,95\% \ (3)$$

Avec IA : l'indexe de cohérence:

n	3	4	5	6	7	8
IA	0,58	0,90	1,12	1,24	1,32	1,41

Tableau 14 : Choix de la valeur de l'index de cohérence en fonction de n : nombre des critères

Remarque : Lorsque le ratio de cohérence RC est strictement moins que 10% les appréciations sont acceptables, l'ensemble des jugements alloués sont alors acceptables.

4.2.3. Détermination des équipements critiques

Nous avons déterminé scientifiquement les pondérations de chaque critère (ce sont les moyennes de la matrice des priorités au niveau des critères), nous avons également élaboré la façon de jugement de la criticité de chaque équipement, il ne reste que de le pratiquer au niveau du terrain pour évaluer la criticité (C) de chaque équipement. Les tableaux suivants résument ce travail pratique :

Code	C1	C2	C3	C4	C5	C6	C7	C8	C
T7	2	1	2	2	2	2	2	2	**1,93**
CA2	0	0	0	1	0	0	0	2	**0,15**
CH1	0	1	0	1	0	0	1	2	**0,45**
CS3	0	0	0	0	0	0	1	2	**0,29**
CS3	0	0	0	0	0	0	1	2	**0,29**
CS3	0	0	0	0	0	0	1	2	**0,29**
CS4	2	1	2	2	2	2	2	2	**1,93**
CS7	0	0	0	1	0	0	0	0	**0,09**
Sommes des Criticité									**5,42**

Tableau 15 : Calcul de la criticité par famille d'équipements de l'atelier chaudronnerie

Code	C1	C2	C3	C4	C5	C6	C7	C8	C
B1	0	2	0	0	0	0	0	0	0,14
B2	0	2	0	0	0	0	0	0	0,14
B3	1	0	1	0	0	0	0	0	0,17
B6	0	0	0	2	0	0	0	0	0,18
B8	0	0	0	2	0	0	1	0	0,41
D1	2	1	1	2	0	2	2	2	1,61
D2	1	2	2	2	2	2	2	2	1,95
D4	0	0	0	1	0	0	0	0	0,09
D5	0	1	0	1	0	0	0	0	0,16
D6	1	0	1	2	0	0	0	0	0,35
D7	0	1	1	0	0	0	0	0	0,19
F1	0	0	1	0	0	0	0	0	0,12
F2	2	2	1	2	2	2	1	2	1,65
F3	1	0	0	0	0	0	0	0	0,05
F4	0	1	1	0	0	0	0	0	0,19
F5	1	1	1	2	2	2	2	2	1,76
G2	2	2	2	2	0	1	2	2	1,49
M2	0	0	0	0	1	0	0	0	0,1
M3	0	0	0	0	1	0	0	0	0,1
M4	0	1	0	1	0	0	0	0	0,16
M5	0	0	1	1	0	0	0	0	0,21
M7	1	0	0	0	0	0	0	0	0,05
M8	0	0	1	1	0	0	0	0	0,21
M9	1	0	0	0	0	0	0	0	0,05
N1	1	0	0	0	0	0	0	0	0,05
N4	0	0	0	2	0	0	0	0	0,18
N6	0	0	0	2	0	0	0	0	0,18
T1	0	0	1	2	0	0	0	0	0,3
T7	2	1	2	2	1	2	2	2	1,83
						Sommes des Criticité			14,07

Tableau 16 : Calcul de la criticité par famille d'équipements de l'atelier de l'atelier débitage-usinage

Pour déterminer alors les équipements critiques on va utiliser la loi de PARETO qui va nous permettre de savoir les 20% des éléments qui engendrent les 80% des problèmes ; c'est-à-dire dans notre situation les 20% les plus critiques (80% de criticité).

Les tableaux et figures dans le suivante présentent la loi de PARETO appliquée sur chacun des deux ateliers étudiés :

Code	C	Cumul	% Cumulé
D2	1,95	1,95	13,86%
T7	1,83	3,78	26,87%
F5	1,76	5,54	39,37%
F2	1,65	7,19	51,10%
D1	1,61	8,8	62,54%
G2	1,49	10,29	73,13%
B8	0,41	10,7	76,05%
D6	0,35	11,05	78,54%
T1	0,3	11,35	80,67%
M5	0,21	11,56	82,16%
M8	0,21	11,77	83,65%
D7	0,19	11,96	85,00%
F4	0,19	12,15	85,00%
B6	0,18	12,33	87,63%
N4	0,18	12,51	88,91%
N6	0,18	12,69	90,19%
B3	0,17	12,86	91,40%
D5	0,16	13,02	92,54%
M4	0,16	13,18	93,67%
B1	0,14	13,32	94,67%
B2	0,14	13,46	95,66%
F1	0,12	13,58	96,52%
M2	0,1	13,68	97,23%
M3	0,1	13,78	97,94%
D4	0,09	13,87	98,58%
F3	0,05	13,92	98,93%
M7	0,05	13,97	99,29%
M9	0,05	14,02	99,64%
N1	0,05	14,07	100,00%

Tableau 17 : Le pourcentage cumulé des criticités des familles d'équipements de l'atelier débitage-usinage

Code	C	Cumul	% Cumulé
T7	1,93	1,93	35,61%
CS4	1,93	3,86	71,22%
CH1	0,45	4,31	79,52%
CS3	0,29	4,6	84,87%
CS3	0,29	4,89	90,22%
CS3	0,29	5,18	95,57%
CA2	0,15	5,33	98,34%
CS7	0,09	5,42	100,00%

Tableau 18 : Le pourcentage cumulé des criticités des familles d'équipements de l'atelier chaudronnerie

Remarque : CS3 c'est la famille des postes de soudage et il y en a trois types de poste.

69

On va présenter ces mêmes informations dans les deux figures suivantes, sur l'axe des x ya les équipements de l'atelier (Débitage-Usinage ou Chaudronnerie) et sur l'axe des y le pourcentage cumulé de la criticité :

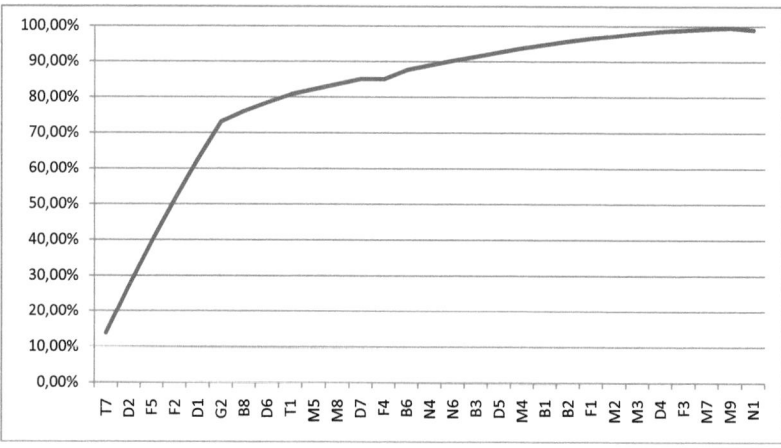

Figure 18 : Loi de PARETO pour les familles d'équipements de l'atelier Débitage Usinage

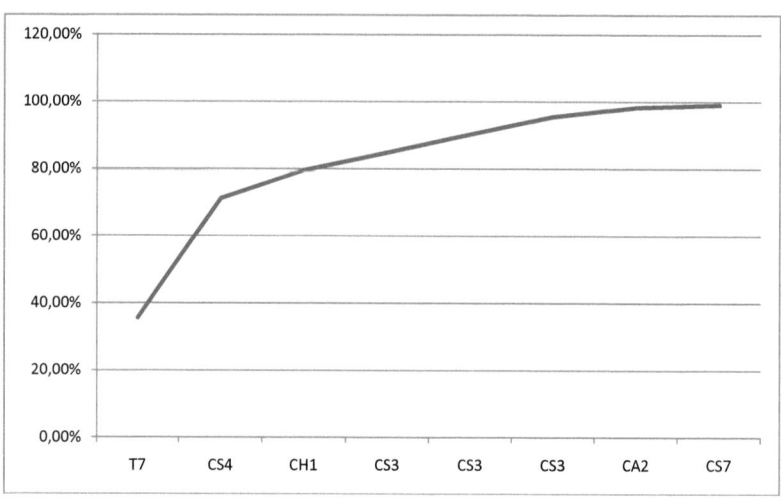

Figure 19 : Loi de PARETO pour les familles d'équipements de l'atelier Chaudronnerie

70

On peut déduire des deux graphes précédents que :

- les familles d'équipements les plus critiques de l'atelier Débitage Usinage sont les suivants : T7, D2, F5, F2, D1, G2 c'est-à-dire que 20,69% des équipements engendrent 73,13% de la criticité.
- les équipements les plus critiques de l'atelier Chaudronnerie sont les suivants T7, CS4 c'est-à-dire que 25% des équipements engendrent 71,22% de la criticité.

4.3. Démarche de l'étude de criticité

Après avoir déterminé l'ensemble des équipements critiques, voici la démarche par laquelle on procède pour étudier leur criticité et élaborer leurs PMP:

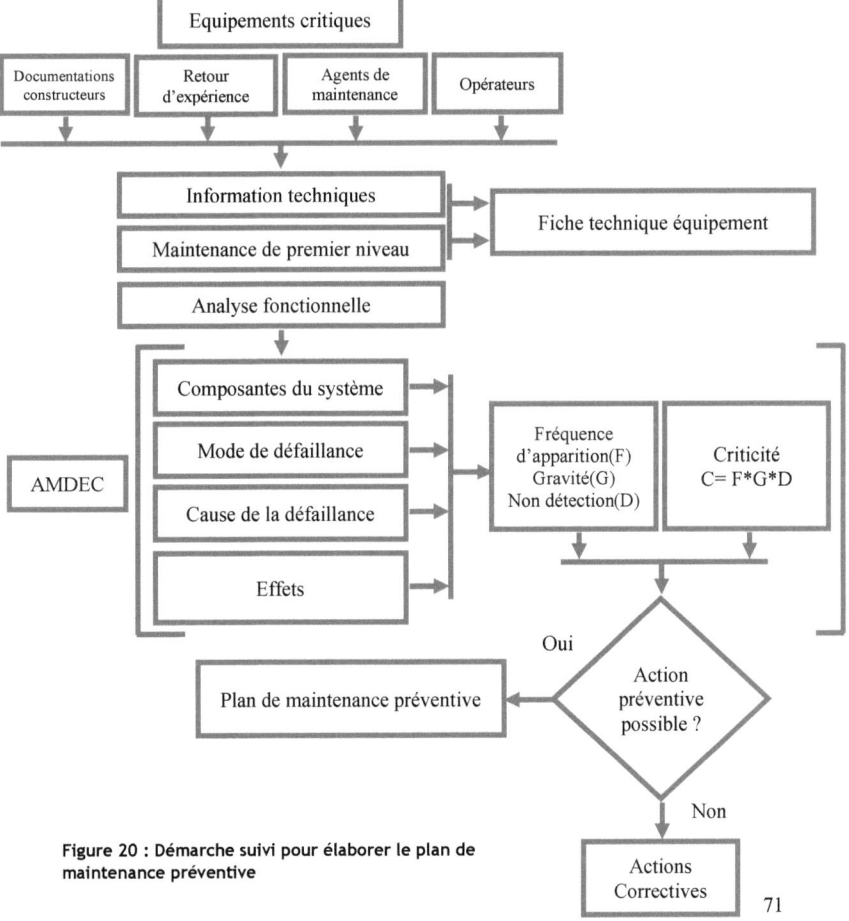

Figure 20 : Démarche suivi pour élaborer le plan de maintenance préventive

71

4.3.1. L'analyse fonctionnelle

On va présenter les outils de l'analyse fonctionnelle qu'on nous avons utilisé dans notre travail qui sont :

- Diagramme de bête à cornes
- Diagramme pieuvre
- Diagramme FAST

Ces trois diagramme sont les souvent utilisés pour élaborer l'analyse fonctionnelle d'un équipement quelconque.

Ci après, vous allez trouvez une présentation de ces diagrammes, par contre vous pouvez voir leur application sur les équipements critiques dans l'annexe 5.

✎ Diagramme de bête à corne

Pour définir le besoin éprouvé par l'utilisateur pour un produit, il faut répondre à 3 questions.

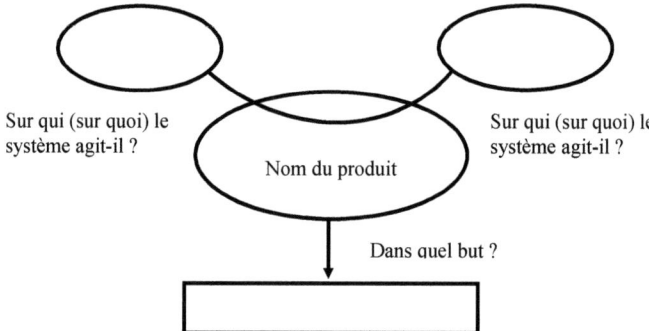

Figure 21 : Graphe représentant le diagramme de bête à corne

Il faut ensuite valider le besoin en répondant aux questions suivantes :

- o Pourquoi le besoin existe-t-il ?
- o Qu'est-ce qui pourrait faire évoluer le besoin ?
- o Quels sont les risques de voir disparaître le besoin ?

✎ Diagramme pieuvre

Méthode utilisée pour analyser les besoins et identifier les fonctions de service d'un produit, son principe est d'isoler le produit et recenser les éléments extérieurs au produit.

La figure suivante montre son illustration :

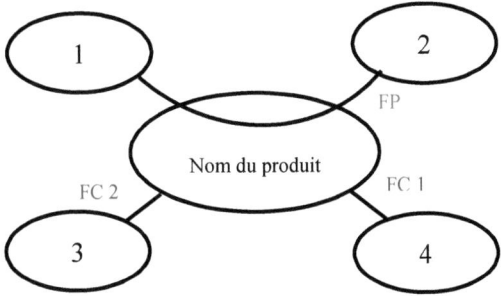

Figure 22 : Graphe représentant le diagramme de pieuvre

Ici les composants du milieu extérieur sont repérés 1, 2,3 ou 4 : le produit crée une ou des relations entre 1 et 2, Il doit s'adapter à 3 et 4.

Il remplit des fonctions :

- Fonctions Principales FP :	- Fonctions Contraintes FC :
Elles justifient la création du produit. Elles représentent les relations entre deux éléments du milieu extérieur.	Elles rassemblent toutes les fonctions complémentaires aux fonctions principales du produit en leur imposant ou non des limites.

✎ Diagramme FAST

Pour réaliser la fonction principale, l'équipement est constitué de composants, de pièces mécaniques, ... ces ensembles de pièces réalisent des fonctions techniques permettant de satisfaire la fonction principale.

Un des outils très employé est le **FAST** « Function Analysis System Technic » ou en français « Technique d'analyse fonctionnelle et systématique ».

Cette méthode permet de visualiser par un graphe l'articulation des Fonctions Techniques. Chaque fonction se situe par rapport à ses voisines en posant les questions indiquées sur le principe présentes par la figure ci-dessous :

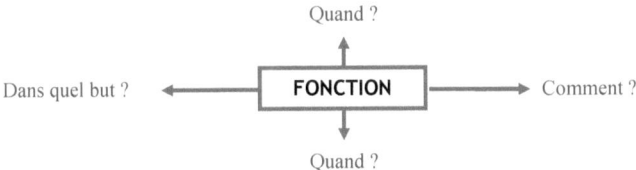

Figure 23 : Principe du diagramme de FAST

73

4.3.2. L'analyse AMDEC – Moyen de production

L'**AMDEC** (Analyse des **M**odes de **D**éfaillance, de leurs **E**ffets et leur **C**riticité) est une méthode d'analyse de la fiabilité qui permet de recenser les défaillances dont les conséquences affectent le fonctionnement du système.

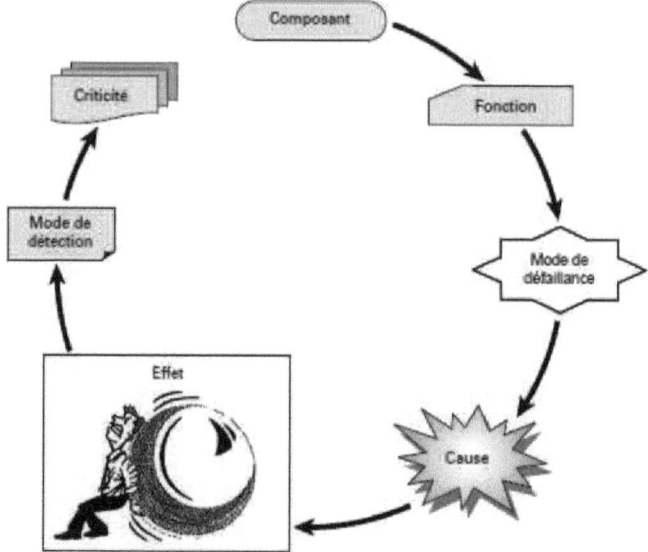

Figure 24 : Processus AMDEC

- Constitution du groupe de travail AMDEC – Moyen de production

Avant de passé à l'AMDEC afin de rassembler les différents modes de défaillances et leurs effets il faut construire le groupe de travail qui regroupe tout les intervenants qui ont une relation de prés ou de loin avec le moyen de production.

Le groupe est constitué essentiellement des agents de la maintenance qui ont une large expérience dans la réparation de l'équipement pendant laquelle ils ont eu l'occasion de voir en direct toutes les défaillances qui l'entourent. Nous avons essayé donc de profiter le maximum possible de leurs expériences et leurs orientations afin de déceler les différents modes de défaillances qui pénalisent le fonctionnement normale de l'équipement.

Le groupe de travail comporte également les utilisateurs de la machine qui nous ont expliqué en détaille le fonctionnement de la machine, ils nous ont accordé suffisamment de temps pour nous montrer les différents modes opératoires ainsi que les fonctionnalités des composantes principales.

74

Nous avons joué le rôle d'animateurs du groupe de travail afin de rassembler les informations et les exploiter pour atteindre l'objectif fixé qui est de trouver les défaillances critiques et de proposer les actions correctives pour diminuer leur criticités.

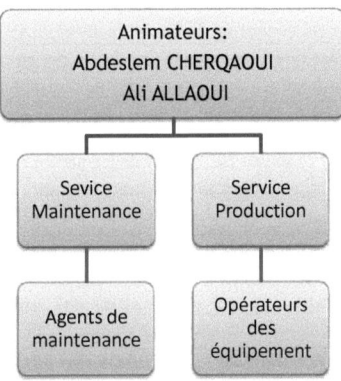

Figure 25 : Constitution du groupe de travail AMDEC moyen de production

- Feuille d'analyse AMDEC :

Le tableau suivant montre la feuille d'analyse l'AMDEC, cette fiche est inspiré de la norme CNOMO E41.50.530.N Édition juin 1994 :

AMDEC - Moyen de production															
Fournisseur : Système :			Rédacteur : Groupe-AMDEC Service : Maintenance Date :		Criticité Indices nominaux					Actions correctives	Criticité Indices finaux				
Composant	Fonctions	Modes de défaillance	Causes	Effets	TI	F	G	D	C	Actions	TI'	F'	G'	D'	C'

Tableau 19 : Feuille d'analyse AMDEC

Remarque : On a utilisé cette fiche pendant pour toutes les analyses AMDEC réalisées dans le notre projet ; vous pouvez voir ces AMDEC ainsi que la maintenance préventive des équipements critiques respectivement dans les annexes 7 et 8.

L'indice de criticité est calculé pour chaque défaillance, à partir de la combinaison des trois indices F, G et D, par la multiplication de leurs notes respectives :

$$C = F \times G \times D \ (4)$$

Remarque : TI = temps d'intervention

Les tableaux suivant montrent la manière d'évaluation des indices F, G et D :

Valeurs de F	Fréquence d'apparition de la défaillance
1	Défaillance pratiquement inexistante sur des installations similaires en exploitation; au plus un défaut sur la durée de vie de l'installation.
2	Défaillance rarement apparue ; un défaut par an
3	Défaillance occasionnellement apparue ; un défaut par trimestre.
4	Défaillance fréquemment apparue ; un défaut par mois

Tableau 20 : Indices de fréquence F

Valeurs de G	Gravité de la défaillance
1	**Défaillance mineure** : Nécessitant une remise en état dans un intervalle de temps de TI < 10 min.
2	**Défaillance moyenne :** Nécessitant une remise en état de courte durée, dans un intervalle de temps: de 10 min <= TI < 30 min.
3	**Défaillance majeure** : Nécessitant une intervention de longue durée; 30 min <= TI < 90 min. Ou Non-conformité du produit, constatée et corrigée par l'utilisateur du moyen de production.
4	**Défaillance catastrophique :** Très critique nécessitant une grande intervention; exemple TI > 90 min. Ou Non-conformité du produit, constatée par un client aval (interne à l'entreprise) Ou Dommage matériel important.
5	**Sécurité/Qualité** : Accident pouvant provoquer des problèmes de sécurité des personnes, lors du dysfonctionnement ou lors de l'intervention. Ou Non-conformité du produit envoyé en clientèle.

Tableau 21 - Indices de gravité G

Valeurs de D	Non-détection de la défaillance
1	Les dispositions prises assurent une **détection totale** de la cause initiale ou du mode de défaillance, permettant ainsi d'éviter l'effet le plus grave provoqué par la défaillance pendant la production.
2	Il existe un signe avant-coureur (1) de la défaillance mais il y a risque que ce signe ne soit pas perçu par l'opérateur. **La détection est exploitable.**
3	La cause et/ou le mode de défaillance sont difficilement décelables ou les éléments de détection sont peu exploitables. **La détection est faible.**
4	Rien ne permet de détecter la défaillance avant que l'effet ne se produise : il s'agit du cas **sans détection**
(1) Signes avant-coureurs : bruit, vibration, accélération, jeu anormal, échauffement, visuel ...		

Tableau 22 : Indices de non-détection D

5. AHP pour le choix des sous-traitants

5.1. Hiérarchiser les fonctions : Processus d'analyse hiérarchique (AHP)

Les étapes d'application de la méthode AHP sont comme suivant :

o Décomposer le problème complexe en une structure hiérarchique (niveaux);
o Effectuer les combinaisons binaires;
o Déterminer les priorités;
o Synthétiser les priorités;
o Cohérence des jugements;

La figure suivante l'illustre bien :

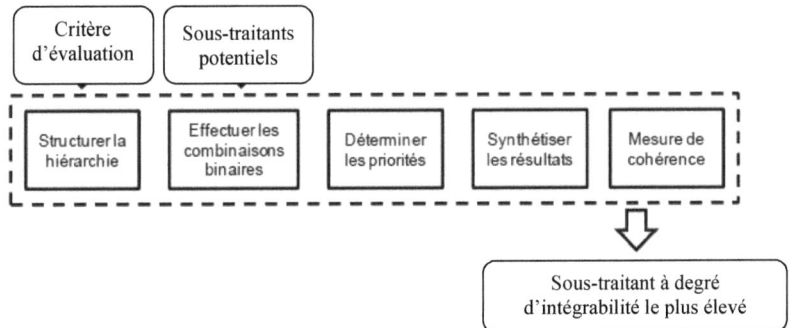

Figure 26 : Etapes d'application de la méthode AHP

5.2. Application :

5.2.1. Organigramme hiérarchique

Le point de départ qui est la structuration de la hiérarchie est représentée par un arbre hiérarchique. Dans notre cas d'étude l'arbre élaboré comporte plusieurs niveaux qui sont :

Niveau 0 : l'objectif cible qui consiste à déterminer le *meilleur sous-traitant ;*
Niveau 1 : les critères de décision sont ici {Délai, Qualité, Cout, Garantie} ;
Niveau 2 : les solutions alternatives sont les sous-traitants potentiels {S1, S2, S3} ;

Remarque : Avec la méthode AHP la prise de décision est faite en considérant les ratios mathématiques de l'importance de chaque critère en relation avec chaque alternative.

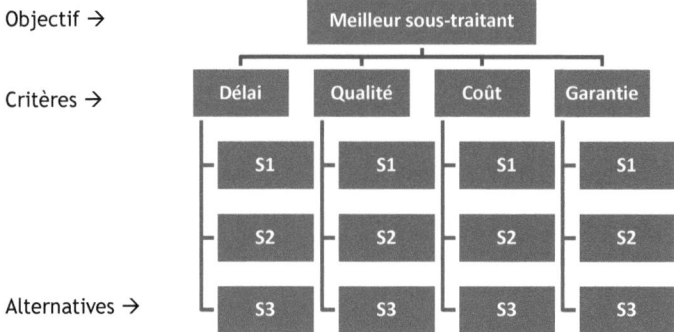

Objectif →

Critères →

Alternatives →

Figure 27 : Structure hiérarchique de l'AHP

5.2.2. Combinaisons binaires

○ Comparer l'importance relative de tous les éléments appartenant à un même niveau de la hiérarchie pris deux par deux, par rapport à l'élément du niveau immédiatement supérieur.

○ Configurer une matrice carrée réciproque formée par les évaluations des rapports des poids (K x K), K étant le nombre d'éléments comparés. On obtient de cette façon :

$$a = a_{ij} \text{ avec } a_{ij} = 1 \text{ et } a_{ji} = 1/ a_{ij} \text{ (Valeur réciproque)}$$

Pour chaque comparaison on doit choisir le critère le plus important et exprimer son jugement quant à son importance.

○ La mesure pour déterminer l'importance relative pourrait être exprimée par échelle de 1 à 9:

Jugement verbal	Évaluation numérique
extrêmement plus important	9 8
très fortement plus important	7 6
fortement plus important	5 4
modérément plus important	3 2
importance égale	1

Tableau 23 : Echelle des évaluations numériques des différents critères

78

o Par exemple, on pourrait dire que la qualité est plus importante que le niveau du prix :

Comparaison	Critère le plus important	Échelle	Évaluation
Qualité – Cout	Qualité	modéré	3
Qualité – Délai	Qualité	égal – modéré	2
Qualité – Garantie	Qualité	égal – modéré	2
Délai – Cout	Délai	modéré à fortement	4
Délai – Garantie	Délai	modéré à fortement	4
Cout – Garantie	Garantie	égal – modéré	2

Tableau 24 : Comparaison des critères deux par deux

o On obtient la matrice carrée de comparaison des paires suivante :

	Délai	Qualité	Cout	Garantie
Délai	1,00	2,00	4,00	4,00
Qualité	0,50	1,00	3,00	2,00
Cout	0,25	0,33	1,00	2,00
Garantie	0,25	0,50	0,50	1,00

Tableau 25 : Tableau de comparaison des paires de critères

5.2.3. Synthétisation des priorités

Cette étape consiste à calculer la priorité de chaque critère en relation avec sa contribution vers l'atteinte de l'objectif (choisir un sous-traitant).

La procédure mathématique est assez complexe. Les trois étapes suivantes résument la procédure:

- Faites la somme des valeurs de chaque colonne.
- Divisez chaque élément de la matrice par le total de sa colonne.
- Calculez la moyenne des éléments de chaque rangée de la matrice. Ces moyennes donnent un estimé des priorités du critère.

o *Somme des colonnes*

	Délai	Qualité	Cout	Garantie
Délai	1,00	2,00	4,00	4,00
Qualité	0,50	1,00	3,00	2,00
Cout	0,25	0,33	1,00	2,00
Garantie	0,25	0,50	0,50	1,00
somme	2,00	3,83	8,50	9,00

Tableau 26 : Tableau de la somme des colonnes

o *Divisez chaque élément par le total de la colonne*

	Délai	Qualité	Cout	Garantie
somme	2,00	3,83	8,50	9,00

	Délai	Qualité	Cout	Garantie
Délai	0,50	0,52	0,47	0,44
Qualité	0,25	0,26	0,35	0,22
Cout	0,13	0,09	0,12	0,22
Garantie	0,13	0,13	0,06	0,11

Tableau 27 : Tableau de division des colonnes par leur sommes

o *Moyenne des rangées*

	Délai	Qualité	Cout	Garantie	Priorité
Délai	0,50	0,52	0,47	0,44	0,48
Qualité	0,25	0,26	0,35	0,22	0,27
Cout	0,13	0,09	0,12	0,22	0,14
Garantie	0,13	0,13	0,06	0,11	0,11

Tableau 28 : Tableau de la moyenne des rangées

Remarque : La synthétisation des critères nous a permis d'établir la priorité de chacun par rapport à l'atteinte de l'objectif. Selon l'information donnée, le délai, avec une priorité de 0,48, est le plus important des quatre critères.

5.2.4. Cohérence

- Si A, comparé à B, a une évaluation de 3,
- Et si B, lorsque comparé à C, a une évaluation de 2,
- Une cohérence parfaite donnerait une évaluation de 3 x 2 = 6 à la paire A versus C.

Cette cohérence n'est pas trop souhaitable parce que nous traitons avec le jugement humain. Pour être appelé constante, le classement peut être transitive, mais les valeurs de jugement ne sont pas nécessairement obligés de formule de multiplication.

Pour vérifier le degré de cohérence, un ratio est calculé. La méthode est telle qu'un ratio plus grand que 0,10 indique un niveau trop élevé d'incohérence.

Etape1 :

- o Multipliez chaque valeur de la première colonne par la priorité du premier critère; multipliez chaque valeur de la deuxième colonne par la priorité du deuxième critère,...
- o Faites ensuite la somme des valeurs de chaque rangée.

	Délai	Qualité	Cout	Garantie
Délai	1,00	2,00	4,00	4,00
Qualité	0,50	1,00	3,00	2,00
Cout	0,25	0,33	1,00	2,00
Garantie	0,25	0,50	0,50	1,00

Tableau 29 : Comparaison des paires de critères.

	Priorité
Délai	0,48
Qualité	0,27
Cout	0,14
Garantie	0,11

$$
0.48\begin{bmatrix}1\\1/2\\1/4\\1/4\end{bmatrix} + 0.27\begin{bmatrix}2\\1\\1/3\\1/2\end{bmatrix} + 0.14\begin{bmatrix}4\\3\\1\\0,5\end{bmatrix} + 0.11\begin{bmatrix}4\\2\\2\\1\end{bmatrix}
$$

$$
\begin{bmatrix}0.48\\0.24\\0.12\\0.12\end{bmatrix} + \begin{bmatrix}0.54\\0.29\\0.09\\0.14\end{bmatrix} + \begin{bmatrix}0.55\\0.41\\0.14\\0.07\end{bmatrix} + \begin{bmatrix}0.43\\0.21\\0.21\\0.11\end{bmatrix} = \begin{bmatrix}2\\1.14\\0.56\\0.43\end{bmatrix}
$$

81

Etape2 :

○ Divisez les éléments du vecteur de la somme pondérée par la priorité correspondant à chaque critère :

Délai	2/0,48 = 4,14
Qualité	1,14/0,27 = 4,20
Cout	0,56/0,14 = 4,08
Garantie	0,43/0,11 = 4,06

Etape3 :

○ Calculez la moyenne des valeurs trouvées à l'étape 2 :

$$\lambda_{max} = \frac{(4,14 + 4,20 + 4,08 + 4,06)}{4} = 4,12$$

Etape4 :

○ Calculez l'indice de cohérence (IC) :

$$IC = \frac{\lambda_{max} - n}{n - 1} = \frac{4.185 - 4}{4 - 1} = 0.04 = 4\%$$

Etape5 :

○ Calculez le ratio de cohérence: $RC = \dfrac{IC}{IA}$

On définit, de façon empirique (par expérimentation) IA:
IA est l'index de cohérence d'une matrice de comparaison des paires aléatoirement générées :

N	3	4	5	6	7	8
IA	0,58	0,90	1,12	1,24	1,32	1,41

Tableau 30 : Valeurs de l'indexe de cohérence

On aura : RC = 4,42 %   (RC < 10%, alors le degré de cohérence des comparaisons est acceptable)

5.2.5.   Comparaison entre les alternatives

L'entrepreneur exprime ses préférences de la façon suivante:

○ Au niveau du délai, le S2 est modérément préféré au S1.
○ Au niveau du délai, le S3 est de modérément à fortement préféré au S1.
○ Au niveau de la qualité, Le S3 est modérément préféré au S2.
○ Au niveau du cout, le S1 est de très fortement à extrêmement préférable au S3.
○ Au niveau de la garantie, le S2 est modérément préféré au S1.

Avec le tableau d'échelle de préférence :

Jugement verbal	Évaluation numérique
extrêmement préférable	9 8
très fortement préférable	7 6
fortement préférable	5 4
modérément préférable	3 2
indifférent	1

Tableau 31 : Echelle des préférences

On aura la matrice de comparaison suivante :

Délai	F1	F2	F3
F1	1	1/3	1/4
F2	3	1	1/2
F3	4	2	1

Qualité	F1	F2	F3
F1	1	1/4	1/6
F2	4	1	1/3
F3	6	3	1

Cout	F1	F2	F3
F1	1	2	8
F2	1/2	1	6
F3	1/8	1/6	1

Garantie	F1	F2	F3
F1	1	1/3	4
F2	3	1	7
F3	1/4	1/7	1

Tableau 32 : matrice de comparaison des alternatives deux par deux

Pour la synthétisation des priorités des alternatives, on procède de la même manière pour les critères :

o On construit ensuite une matrice combinée contenant les critères et les alternatives
o On trouve les poids pondérés en multipliant le poids de chaque critère par le poids de chaque alternative par rapport à chaque Critère
o Pour chaque alternative, on additionne les poids, et la meilleure action est celle ayant le poids maximal.

Pour la qualité par exemple on aura :

Qualité				Priorité
1/11	0,25/4,25	1/1,5	=	**0,087**
1/11	1/4,25	0.33/1,5	=	**0,274**
6/11	3/4,25	1/1,5	=	**0,639**

Tableau 33 : priorité pour chaque modèle de fournisseur par rapport au critère qualité

On aura la priorité pour chaque modèle de fournisseur par rapport à chaque critère :

	Critères			
	Délai	**Qualité**	**Cout**	**Garantie**
F1	0,123	0,087	0,593	0,265
F2	0,320	0,274	0,341	0,650
F3	0,557	0,639	0,065	0,080

Tableau 34 : priorité pour chaque modèle de fournisseur par rapport à chaque critère

5.2.6. Priorité globale

La priorité des critères est combinée aux priorités des alternatives pour obtenir la **préférence globale** de l'entrepreneur.

o Avec :

	Priorité
Délai	0,48
Qualité	0,27
Cout	0,14
Garantie	0,11

Tableau 35 : Priorité des critères

o On aura :

Priorité globale pour le sous-traitant 1
$$0,48 (0,123) + 0,27 (0,087) + 0,14 (0,593) + 0,11 (0,265) = 0,19$$
Priorité globale pour le sous-traitant 2
$$0,48 (0,32) + 0,27 (0,274) + 00,14 (0,341) + 0,11 (0,655) = 0,35$$
Priorité globale pour le sous-traitant 3
$$0,48 (0,557) + 0,27 (0,639) + 0,14 (0,066) + 0,11 (0,080) = 0,46$$

Remarque :

« Le sous-traitant qui a la priorité globale maximum présente la meilleure alternative ».
« On peut donc appliquer cette méthode pour trouver le meilleur sous-traitant ».

5.3. Avantages de la méthode AHP :

La méthode AHP présente plusieurs avantages :

- ✋ Les critères peuvent avoir des importances variables
- ✋ Le nombre de critères et sous-critères n'est pas limité.
- ✋ Le problème tel que posé par la méthode AHP donne une certaine réponse, mais si le décideur désire il peut modifier la valeur d'un critère ou ajouter ou éliminer des critères qu'il juge pertinent, la méthode lui permet de le faire sans reprendre toute l'hiérarchie déjà établie.

CHAPITRE 5 : CONCEPTION DU PROCESSUS MAINTENANCE SELON LES EXIGENCES DE L'ISO 9001:2008

1. Élaboration du processus maintenance

1.1. Conception et développement

La définition de l'expression « conception et développement» selon la norme '*NF EN ISO 9000 (2005)*' est la suivante: « *Ensemble de processus qui transforme des exigences en caractéristiques spécifiées ou en spécification d'un produit, d'un processus ou d'un système* ».

Il est nécessaire de s'investir dans la conception d'une activité de maintenance et de planifier son fonctionnement. Au sens de la norme **ISO 9001**, l'activité de maintenance est le produit dont il faut maîtriser la qualité.

La norme **ISO 9001** insiste particulièrement sur les étapes de la conception d'un produit. Et quand le produit est «la maintenance».

Le processus de conception est donc utilisé une seule fois au moment du démarrage de l'activité de l'entreprise, mais dans le cas de la SCIF qui a connu un peu de retard dans ce domaine, elle a commencé ces activités de production sans concevoir un processus de maintenance qui gère les interventions.

1.1.1. Déroulement de la conception et du développement de la maintenance

Le produit que représente le service de maintenance doit être conçu et développé de façon maîtrisée. Pour cela, on définit un processus de conception avec ses éléments d'entrée et de sortie, on mesure la performance et on réalise des revues de conception. Ces dernières, consistent à effectuer des vérifications techniques sur le produit et le processus.

a. Processus de la conception et du développement

La norme **ISO 9001** indique qu'il faut définir le processus de conception, lequel précise:

- Les étapes et les responsabilités;
- Les points d'arrêt (qui fait quoi? quand? qu'est-ce que l'on vérifie? Selon quels critères? Par comparaison avec quelles valeurs? etc.);
- Les interfaces entre les services (interface avec le service achats, les ressources humaines, etc.);
- Les responsabilités et autorités.

Une des activités du processus maintenance a pour objet la définition du plan de maintenance. La conception du plan de maintenance est fondée sur la connaissance des biens à maintenir en état. Il est important de disposer de toutes les connaissances nécessaires sur les biens à maintenir (documentation, modes opératoires, pièces de rechange, etc.).

b. Éléments d'entrée de la conception et du développement

Les entrants du processus de conception et de développement regroupent toutes les informations nécessaires à la conception du produit :

- Exigences réglementaires;
- Exigences fonctionnelles et de performance;
- Etc.

c. Éléments de sortie de la conception et du développement

Les éléments de sortie du processus de conception et de développement doivent correspondre aux exigences d'entrée et doivent être fournis sous une forme permettant leur vérification. En effet, il faut pouvoir vérifier que le produit conçu est conforme aux exigences d'entrée prédéfinies.

La conception d'un service de maintenance doit définir au moins les pierres angulaires suivantes:

- le processus maintenance;
- la documentation;
- le plan de maintenance;
- la criticité des équipements;
- le stock de pièces de rechange.

Le processus de conception doit assurer l'adéquation de ce type d'éléments avec les objectifs.

Le « **produit maintenance** » doit être approuvé et validé avant sa mise à disposition. Autant que possible la validation doit être effectuée avant le démarrage de l'activité de maintenance.

1.2. Planification de la réalisation du produit

Le déroulement du processus de conception, évoqué précédemment, permet de concevoir le service maintenance: la planification, au sens de la norme **ISO 9001**, correspond à la définition de la cartographie des processus de l'activité de maintenance.

La planification consiste également à définir:

- Les documents nécessaires pour assurer le déroulement du processus maintenance;
- La procédure de vérification de contrôle et de validation de l'intervention de maintenance;
- Les enregistrements nécessaires et pertinents pour s'assurer que les processus sont correctement mis en œuvre et que la maintenance est conforme.

1.3. Processus

Bien que la maintenance ne puisse être définie universellement pour fixer les idées, voici un pré-requis d'organisation de la maintenance. Nous le présentons sous forme de points pour manager la maintenance:

- Politique de maintenance;
- Identification des moyens critiques;
- Fourniture des moyens nécessaires:
    - ✍ moyens humains;
    - ✍ moyens matériels, y compris les consommable et outillages;
- Planification des opérations de maintenance (Plan de maintenance, etc.);
- Surveillance, mesure, analyse et améliorations (Audit de maintenance et indicateurs de performance).

Nous allons voir comment se détaillent et s'articulent ces éléments du management de la maintenance.

1.3.1. Composantes du processus maintenance

Une façon rigoureuse et systématique de s'assurer de la maîtrise des risques ayant un impact sur la conformité du produit consiste à maîtriser le processus et ses composantes.

Le management de l'activité de maintenance doit assurer la maîtrise de toutes ses composantes opérationnelles. Nous les avons classées en cinq catégories appelées les **5M**:

Main-d'œuvre (qui réalise?): le personnel, la hiérarchie, toutes les personnes qui concourent au fonctionnement de l'organisme ainsi que tout ce qui est relatif à l'action humaine: compétence, comportement, formation, qualification, communication, motivation, etc.;

Milieu (quel est l'environnement de travail?): les conditions de travail (température, bruit, propreté, éclairage, encombrement), l'ergonomie, l'ambiance de travail, les relations, les contacts, les clients, les fournisseurs;

Méthodologies (comment réalise-t-on?): en relation avec l'organisation: procédures, spécifications, modes opératoires, gammes, modes d'emploi, consignes, notices, instructions;

Matériel (sur quoi agit-on?): tout ce qui nécessite un investissement et qui est donc sujet à amortissement: locaux, installations, machines, équipements et gros outillages, moyens de production et de contrôle;

Remarque : «Matériel» correspond au terme «bien» en maintenance normalisée et au terme «équipement» dans la terminologie plus courante.

Moyens (avec quoi réalise-t-on?): tout ce qui est consommable, donc non investi: fluides, matières premières, énergie, composants, outillage, logiciels, pièces de rechange.

88

Cette représentation (voir figure 28) a l'avantage de correspondre à celle, rigoureuse, de l'outil d'analyse appelé 5M (également connu sous le nom d'arbre des causes d'Ishikawa, ou encore diagramme de causes et effets).

Remarque :

- *La composante « **Matériel** » correspond à l'«Entrant» du processus maintenance.*
- *Pour éviter toute confusion avec les «Méthodes de maintenance», la composante «Méthodes» des 5M est remplacée par le mot «Méthodologies».*

Cette représentation du processus permet d'exploiter avec facilité l'outil 5M pour mettre au point un processus ou l'auditer. Cela permet d'éviter ou de déceler :

- les causes de non-qualité réelles ou potentielles relatives à des écarts de conformité par rapport aux objectifs;
- l'insuffisance de formalisation;
- le non-respect des règles établies;
- le manque d'efficacité dans la mise en œuvre.

Les 5 composantes seront détaillées dans la suite dans notre rapport. Elles sont développées en référence aux exigences de la norme **ISO 9001:2008**.

La figure 26 présente le processus général de maintenance. Elle reprend les grandes activités de maintenance.

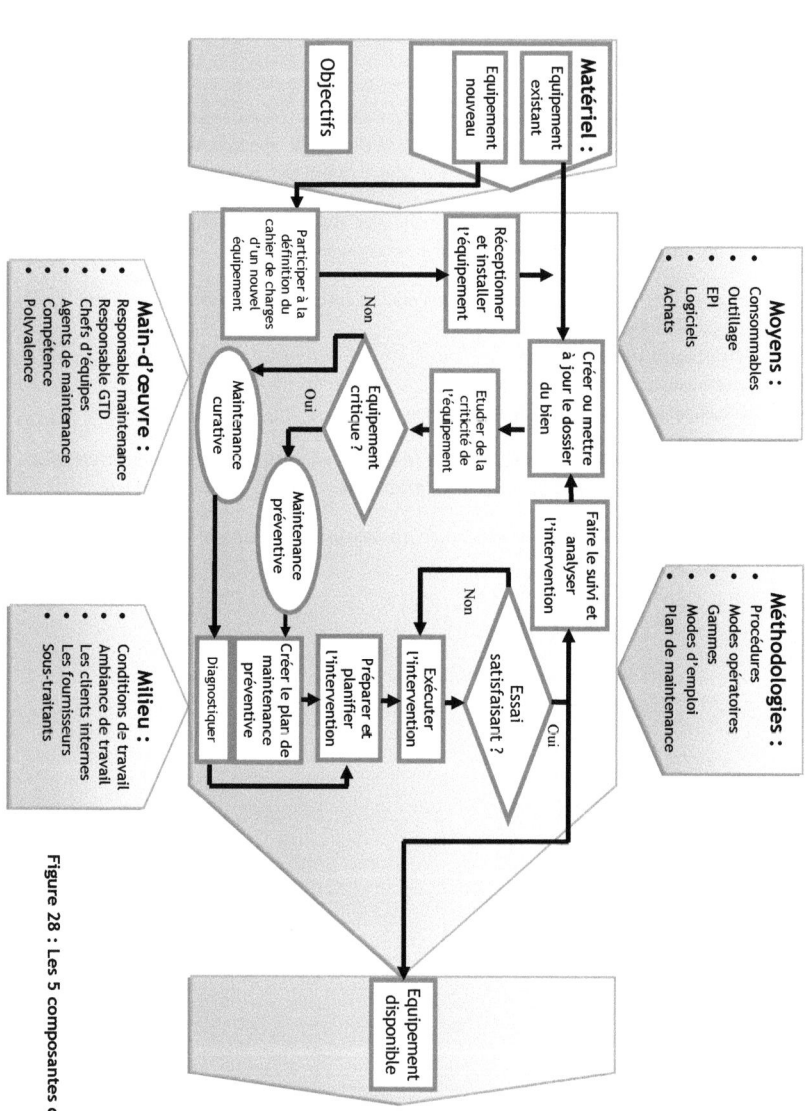

Matériel :
- Equipement existant
- Equipement nouveau

Objectifs

Moyens :
- Consommables
- Outillage
- EPI
- Logiciels
- Achats

Méthodologies :
- Procédures
- Modes opératoires
- Gammes
- Modes d'emploi
- Plan de maintenance

Main-d'œuvre :
- Responsable maintenance
- Responsable GTD
- Chefs d'équipes
- Agents de maintenance
- Compétence
- Polyvalence

Milieu :
- Conditions de travail
- Ambiance de travail
- Les clients internes
- Les fournisseurs
- Sous-traitants

Participer à la définition du cahier de charges d'un nouvel équipement

Réceptionner et installer l'équipement

Créer ou mettre à jour le dossier du bien

Etudier de la criticité de l'équipement

Equipement critique ?

Non

Oui

Maintenance curative

Maintenance préventive

Faire le suivi et analyser l'intervention

Diagnostiquer

Créer le plan de maintenance préventive

Préparer et planifier l'intervention

Exécuter l'intervention

Non

Essai satisfaisant ?

Oui

Equipement disponible

Figure 28 : Les 5 composantes du processus

90

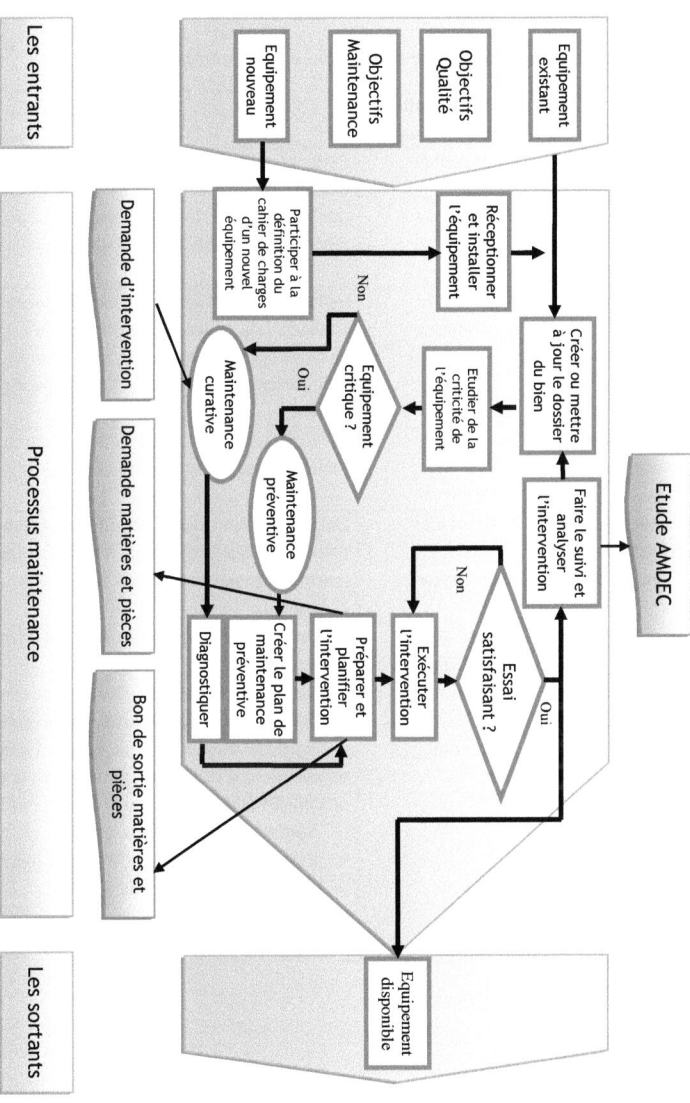

Figure 29 : Processus maintenance

Les entrants

Les sortants

Processus maintenance

Equipement
existant

Equipement
nouveau

Objectifs
Maintenance

Objectifs
Qualité

Demande d'intervention

Demande matières et pièces

Bon de sortie matières et
pièces

Participer à la
définition du
cahier de charges
d'un nouvel
équipement

Réceptionner
et installer
l'équipement

Etudier de la
criticité de
l'équipement

Créer ou mettre
à jour le dossier
du bien

Faire le suivi et
analyser
l'intervention

Etude AMDEC

Equipement
critique ?

Non

Oui

Maintenance
curative

Maintenance
préventive

Diagnostiquer

Créer le plan de
maintenance
préventive

Préparer et
planifier
l'intervention

Exécuter
l'intervention

Essai
satisfaisant ?

Non

Oui

Equipement
disponible

91

Le processus de maintenance qu'on propose débute à l'intégration d'un bien (équipement) au périmètre auquel s'applique la maintenance et se développe jusqu'à la prise en compte de l'historique des réparations.

Voici les différentes étapes du processus et les responsabilités :

Etapes	Responsable d'exécution	Fait quoi ?
Participer à la définition du cahier de charges d'un nouvel équipement	Responsable service maintenance	Participer à la définition du cahier des charges d'achat, et éventuellement au choix final, des infrastructures et des équipements(le choix se fait en rapport avec les objectifs du service maintenance).
Réceptionner et installer l'équipement	Agents de la maintenance	Participer à la réception du nouvel équipement et à son installation dans l'endroit approprié, on prend en considération l'impact du milieu sur le fonctionnement normale de l'équipement (poussière, humidité,...)
Créer ou mettre à jour le dossier du bien	Responsable GTD	Créé le dossier du bien avant son démarrage ou remis à jour en permanence
Etudier de la criticité de l'équipement	Responsable service maintenance	Définition du niveau de criticité de l'équipement nouveau/existant et le choix du type de maintenance (curative ou préventive) et l'amélioré en permanence
Diagnostiquer	Agent(s) de la maintenance	Observation des symptômes de la défaillance et leurs causes.
Créer le plan de maintenance préventive	Responsable service maintenance	La création du plan de la maintenance on se basant sur le catalogue du constructeur et l'expérience des agents de la maintenance, on énonce l'ensemble des interventions à réaliser sur le bien avec la périodicité préconisée et les observations nécessaires : - Modes opératoires associés ; - Ressources nécessaires (pièces et fournitures, matériel, outillage, compétences...) ; - Etat du bien (en fonctionnement, à l'arrêt...) ; - Etc.

Préparer et planifier l'intervention	Responsable GTD	**_Cas d'intervention préventive_** : En consultant le plan de maintenance de l'équipement concerné, le responsable GTD planifie l'achat des PDR, Lorsque le temps d'intervention est vient, le responsable GTD définit l'équipe d'intervention et les consommables à utilisé, et planifie l'intervention on prendre en considération la contrainte de la production. Le responsable GTD rédige un bon de travail (en cas d'intervention systématique) ou une fiche visite préventive(en cas de la maintenance conditionnelle). En cas de besoin du PDR, un bon de sortie matières & pièces est remplie et signer par le responsable GTD. **_Cas d'intervention correctif_** : L'utilisateur de l'équipement ou le chef d'atelier concerné émet une demande d'intervention vers le responsable GTD. Ce dernier fait l'analyse du besoin en terme d'urgence, disponibilité des agents de maintenance et des pièces de rechange, une décision sera prise par le responsable GTD, soit d'intervenir sur le champ ou de planifier l'intervention pour une date ultérieure. Si les PDR existent dans le magasin, un bon de sortie matières & pièces est remplie et signer par le responsable GTD. En cas ou les PDR n'existent pas au niveau du magasin, une demande de matières & pièces est remplie par le responsable GTD et transférer pour le responsable service maintenance pour la signer.
Exécuter l'intervention	Agent(s) de la maintenance	Intervenir sur l'équipement on prendre en considération les mesures de sécurité : -Consigner l'équipement. -Intervenir sur l'équipement -Déconsigner l'équipement.
Faire le suivi et analyser les interventions	Responsable GTD	Analyser les interventions et le processus pour assurer leur amélioration (Mettre à jour le plan de maintenance en cas de la maintenance préventive)

Tableau 36 : Les étapes du processus maintenance et les responsabilités

A la sortie du processus on obtient des biens maintenus pour assurer la disponibilité.

1.3.2. Interactions avec le processus maintenance

Le processus maintenance va inclure – ou de préférence interagir avec – des processus tels que:

- Le processus achats et de gestion de stock;
- Le processus de production;
- Le processus des ressources humaines;
- Etc.

Le processus maintenance de la SCIF pourra être considéré comme une micro-entreprise de services au sein de la SCIF, dont la mission est d'assurer la disponibilité du matériel pour permettre à la SCIF de satisfaire ses clients (voir figure 30).

1.3.3. Finalité du processus maintenance

Pour connaître la finalité du processus maintenance, on peut se poser la question suivante : **« Quelle est la valeur ajoutée de la maintenance ? »**

Bien entendu, dans le cas de n'importe quel processus, et peu importe le client (ou les services intéressés), le but de la maintenance est d'assurer la disponibilité des biens (équipements, infrastructures, etc.) à maintenir.

La finalité du processus maintenance n'est donc pas uniquement de «maintenir ou rétablir un bien dans un état dans lequel il peut accomplir la fonction requise», mais également d'assurer un taux d'utilisation des équipements et éventuellement de réaliser des objectifs en termes de coût et de sécurité.

Au travers de cette définition, on peut établir que la finalité d'un processus maintenance est d'assurer la performance et la disponibilité de l'outil de travail.

La maîtrise de ces exigences s'accompagne inévitablement du respect d'autres exigences incontournables:

- la sécurité;
- l'environnement;
- les coûts : ensemble des coûts directs et indirects engendrés par l'indisponibilité d'un bien et/ou marge dégagée par l'application du processus métier maintenance.

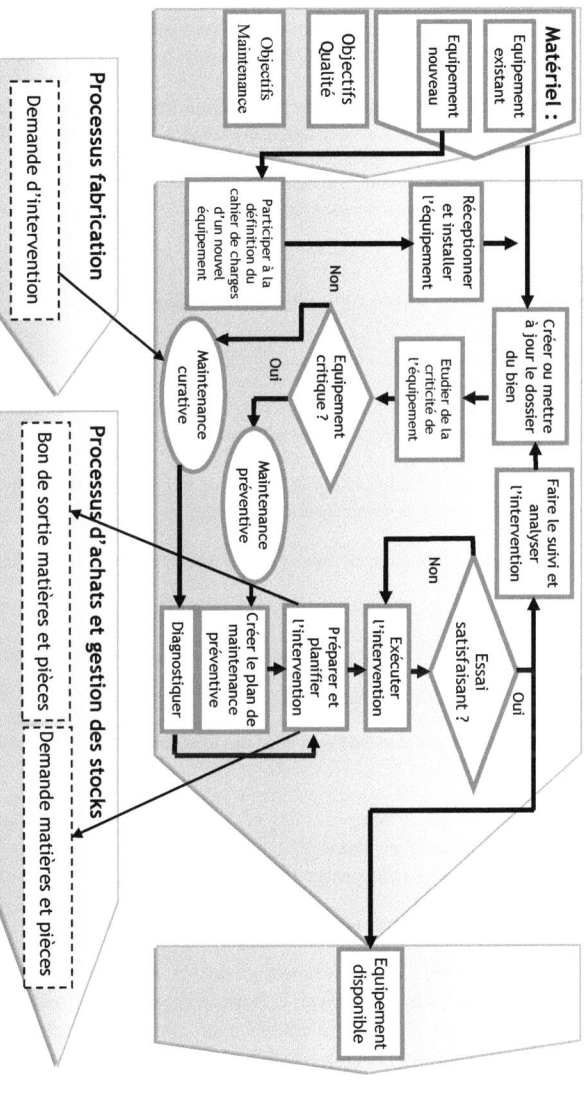

Matériel :

Equipement existant

Equipement nouveau

Objectifs Qualité

Objectifs Maintenance

Processus fabrication

Demande d'intervention

Réceptionner et installer l'équipement

Participer à la définition du cahier de charges d'un nouvel équipement

Créer ou mettre à jour le dossier du bien

Etudier de la criticité de l'équipement

Equipement critique ?

Non

Oui

Maintenance curative

Maintenance préventive

Faire le suivi et analyser l'intervention

Créer le plan de maintenance préventive

Préparer et planifier l'intervention

Diagnostiquer

Exécuter l'intervention

Non

Essai satisfaisant ?

Oui

Processus d'achats et gestion des stocks

Bon de sortie matières et pièces

Demande matières et pièces

Equipement disponible

Figure 30 : Exemple d'interactions entre le processus de maintenance et d'autres processus

95

2. Entrants du processus

2.1. Politique – Stratégie – Objectifs

Dans le cadre du système de management de l'entreprise, le service maintenance doit avoir des objectifs clairement définis. S'imposent à lui les objectifs de la direction.

Le service maintenance définit ses propres objectifs, en respectant la politique de l'entreprise. Tous ses objectifs constituent autant d'exigences à intégrer dans son processus.

Il n'est donc pas inutile de rappeler quelques définitions issues de la commission de normalisation de la maintenance X60G.

2.1.1. Quelques définitions

Selon la norme '*XPX60-020 (1995)*' la **politique de maintenance** est l' « *Orientation et objectifs généraux d'une entreprise, en ce qui concerne la maintenance, tels qu'ils sont exprimés formellement par la direction générale* ».

Selon la norme '*NFEN13306 (juin 2001)*' la **stratégie de maintenance est la** « *Méthode de management utilisée en vue d'atteindre les objectifs de maintenance* ».

Selon la norme '*NFEN13306 (juin 2001)*' les **objectifs de maintenance** sont les « *Buts fixés et acceptés pour les activités de maintenance* ».

Ces définitions sont limitées. Nous éclaircirons ces notions par la suite.

2.1.2. Politique maintenance

La politique de maintenance qu'on propose est détaillée dans le chapitre 4.

2.1.3. Objectifs de maintenance

Les objectifs de maintenance sont issus des différentes politiques. Ils doivent être cohérents avec :

- la politique qualité;
- la politique maintenance;
- le processus maintenance (voir figure 31).

Ainsi les objectifs de maintenance sont :

- Définition du plan de maintenance pour les équipements critiques.
- Réduction des coûts directs et indirects engendrés par l'indisponibilité d'un bien.
- Assurance d'un taux d'utilisation des biens (équipements, infrastructures, etc.) et éventuellement réaliser les objectifs en termes de coût, de qualité et de sécurité.

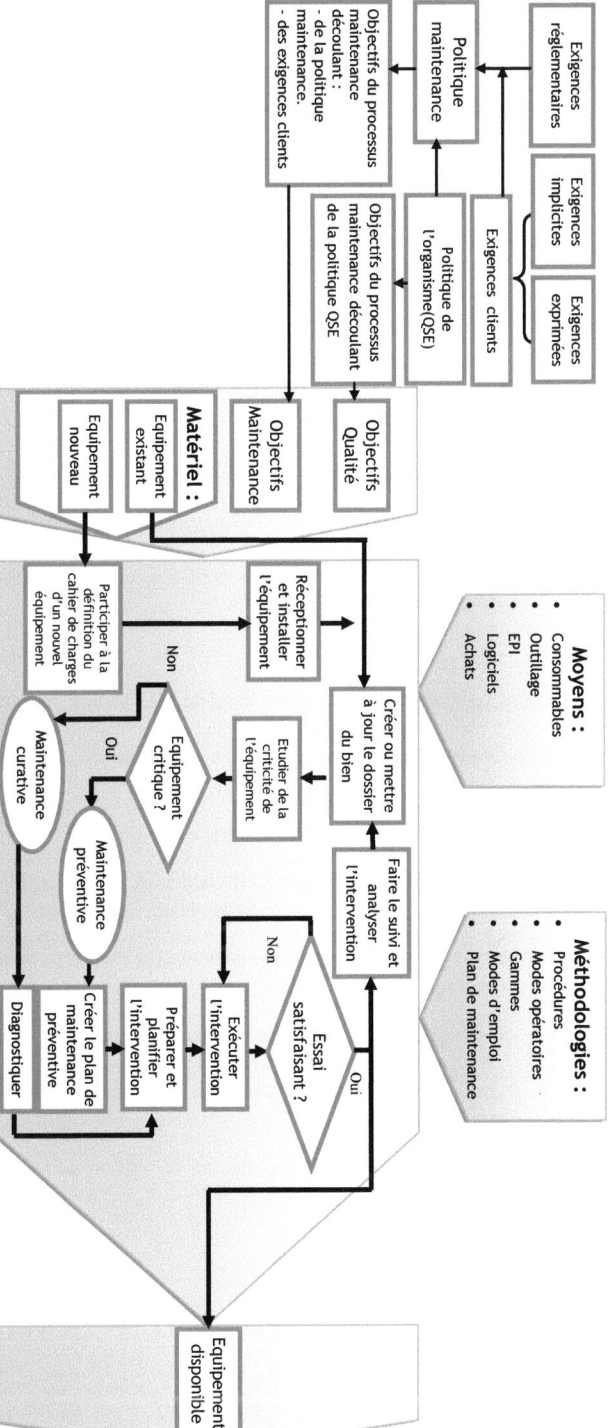

Figure 31 : Les objectifs entrants du processus

Exigences
réglementaires

Exigences
implicites

Exigences
exprimées

Exigences clients

Politique
maintenance

Politique de
l'organisme(QSE)

Objectifs du processus
maintenance
découlant :
- de la politique
maintenance.
- des exigences clients

Objectifs du processus
maintenance découlant
de la politique QSE

Objectifs
Qualité

Objectifs
Maintenance

Matériel :

Equipement
existant

Equipement
nouveau

Moyens :
• Consommables
• Outillage
• EPI
• Logiciels
• Achats

Méthodologies :
• Procédures
• Modes opératoires
• Gammes
• Modes d'emploi
• Plan de maintenance

Main-d'œuvre :
• Responsable maintenance
• Responsable GTD
• Chefs d'équipes
• Agents de maintenance
• Compétence
• Polyvalence

Milieu :
• Conditions de travail
• Ambiance de travail
• Les clients internes
• Les fournisseurs
• Sous-traitants

Participer à la
définition du
cahier de charges
d'un nouvel
équipement

Réceptionner
et installer
l'équipement

Créer ou mettre
à jour le dossier
du bien

Etudier de la
criticité de
l'équipement

Non

Equipement
critique ?

Oui

Maintenance
curative

Maintenance
préventive

Faire le suivi et
analyser
l'intervention

Diagnostiquer

Créer le plan de
maintenance
préventive

Préparer et
planifier
l'intervention

Exécuter
l'intervention

Essai
satisfaisant ?

Non

Oui

Equipement
disponible

97

Il est impossible de bâtir un management efficient sans objectifs issus de la politique de l'entreprise. La direction de l'entreprise s'engage sur l'atteinte de résultats en relation avec la satisfaction des clients. Les différents services, dont la maintenance, doivent pouvoir s'impliquer dans la réussite de la politique. Il s'agit de l'un des principes de management de la qualité appelé « **leadership** ».

La direction doit guider l'entreprise en matière de management de la qualité (ce qui sera directement transposable dans le service maintenance):

- En déterminant et en respectant les exigences des clients, pour augmenter leur satisfaction;
- En définissant les objectifs, mais également le cadre qui permet de les faire évoluer;

Pour ce faire, la direction doit s'assurer de la disponibilité:

- Des ressources pour satisfaire sa politique en matière de maintenance;
- Des objectifs de maintenance correctement établis et correspondant au bon niveau de besoin; la direction doit également vérifier que ces objectifs sont mesurables et cohérents avec la politique qu'elle a tracée.

2.2. Équipements

Le parc des équipements à maintenir, c'est-à-dire l'ensemble des biens qui doivent faire l'objet d'une maintenance, constitue les entrants du processus maintenance. Il s'agit bien souvent de tous les biens d'un site de production (équipement de production, infrastructure, installations, etc.).

Quelques précisions sur la définition des cahiers des charges d'achat d'équipement :

Le service maintenance doit participer à la définition du cahier des charges d'achat, et éventuellement au choix final, des infrastructures et des équipements.

Les compétences des experts du service maintenance (technologie, expérience de terrain, etc.) permettent d'exprimer:

- Les contraintes techniques liées à la maintenance (maintenabilité);
- La meilleure conception possible (MTBF);
- Les besoins en matière de documentation (pour constituer la Dossier Technique et le plan de maintenance).

Tous ces choix se font en rapport avec les objectifs du service maintenance.

2.3. Exigences clients

Le rôle du service maintenance ne se limite pas à l'entretien des équipements de production mais aussi l'entretien du réseau électrique, téléphonique et informatique ..., il aura pour clients tous les services de la **SCIF**.

Si l'on s'en tient au service production, l'exigence principale de ce dernier en tant que client du service maintenance correspond à la disponibilité des biens de production. La disponibilité doit être la plus grande possible, pour un coût donné. Il est souhaitable que la définition du couple disponibilité-moyens soit définie au cours du dialogue entre le service production, la direction et le service maintenance:

- Le service production précise ses exigences en matière de disponibilité des équipements;
- La direction demande la disponibilité souhaitée au service maintenance et en retour ce dernier précise ses besoins;
- La direction définie le couple disponibilité/moyens alloué à la maintenance.

3. Méthodologie

3.1. Introduction :

Il est reconnu par tous les acteurs de la fonction maintenance que la documentation joue un rôle très important dans la conception et la réalisation des actions de maintenance d'un bien. Il en va de même d'ailleurs pour son exploitation au quotidien. Encore faut-il savoir ce que l'on entend par documentation. En effet, la documentation devra être adaptée au besoin tel que les personnels concernés peuvent le ressentir. En particulier, on devra attacher une importance considérable à toute la documentation intrinsèquement liée au matériel que l'on appellera couramment « **documentation d'exploitation et de maintenance** ». Cependant, pour accomplir sa mission et atteindre ses objectifs, la fonction maintenance aura besoin d'utiliser tout un ensemble d'autres documents, qu'ils relèvent d'un ordre général ou qu'ils soient adaptés au fonctionnement et à la gestion de la fonction.

On sera donc amené à envisager tous les aspects de ces besoins documentaires dans le cadre d'une sous-fonction de la fonction maintenance : la fonction documentation, qui est de la responsabilité du responsable **G**estion des **T**ravaux et **D**ocumentation.

Dans cette approche, on s'intéressera aux points suivants :

- Type de documents nécessaires ;
- Conception des documents et de la base documentaire ;
- Modes opératoires d'utilisation des documents ;
- Gestion de la base documentaire ;

Pour assumer pleinement ses missions et satisfaire les besoins de ses clients internes dans le respect des objectifs réciproques, la fonction maintenance a besoin de se constituer une base documentaire structurée. Le principal objectif de cette base est de mettre à la disposition des personnes autorisées, tous les documents, de quelque nature qu'ils soient, pouvant être utiles pour l'accomplissement de la fonction.

Cette base documentaire devra bien sûr être cohérente avec les procédures du système qualité. Elle comprendra essentiellement les familles de documents suivantes qui seront tour à tour décrites et analysées :

- Documentation générale ;
- Documentation du matériel ;
- Documents de gestion.

3.2. Documentation générale

Cette documentation, propre au service maintenance, comprend tous les documents généraux, internes ou externes, qui concernent le cœur des métiers de la maintenance et qui ne sont pas propres à tel ou tel matériel. Ce sont par exemple :

- Livres traitant des problèmes de maintenance, tant du point de vue général ou organisationnel que du point de vue technique ;
- Encyclopédies générales ou spécialisées de maintenance ;
- Revues techniques, générales ou spécialisées ;
- Actes de congrès, colloques, conférences..., traitant des problèmes de maintenance ;
- Normes nationales ou internationales ;
- Documentations des fournisseurs : catalogues généraux ou spécifiques de composants, d'outillages et de matériels et fournitures divers.

3.3. Documentation du matériel

La documentation d'un matériel donné, souvent appelée « **dossier machine** », permet d'avoir, sous une forme pratique et suivant une présentation rationnelle, les renseignements nécessaires à la compréhension du montage du matériel, de son installation, de son fonctionnement et de sa maintenance. Ce dossier permet d'identifier rapidement et précisément tous les composants et pièces détachées. Il doit également permettre de retracer toute la vie du matériel depuis sa mise en service dans l'entreprise jusqu'à son « départ » (mise au rebut, vente...).

C'est pourquoi le dossier machine comprend généralement deux parties essentielles mais distinctes l'une de l'autre tant dans leur traitement que dans leur structure. Cette décomposition en dossier technique et en dossier historique.

La figure 32 ci-après montre la décomposition du dossier machine avec détaille :

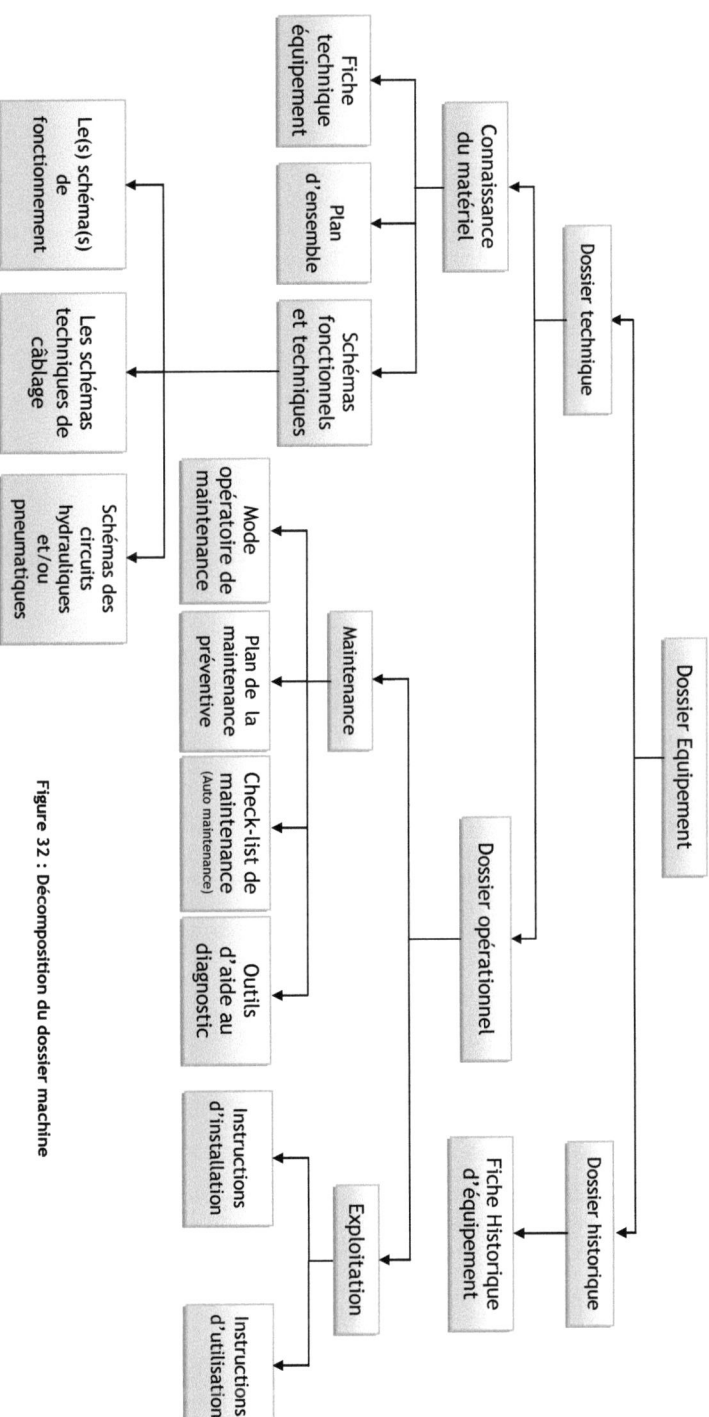

Figure 32 : Décomposition du dossier machine

3.3.1.   Dossier technique

Le dossier technique rassemble tous les documents qui vont permettre de connaître le matériel considéré et qui, aux réserves près des modifications et améliorations, resteront a priori inchangés pendant toute la vie du matériel. Ce dossier représente en quelque sorte la « **carte d'identité** » du matériel. Il apparaît ainsi clairement que l'on devra accorder beaucoup de soins à la constitution de ce dossier technique. Ce dossier technique est généralement constitué de trois familles de documents :

- Connaissance du matériel ;
- Exploitation ⎫
- Maintenance ⎰ Dossier opérationnel

a) Connaissance du matériel :

↳ **Éléments d'acquisition ou d'études**

Cette partie, qui reste souvent classée à part, comporte l'ensemble des éléments administratifs et techniques qui ont présidé à l'acquisition du bien.

Lorsque le bien provient d'un fournisseur extérieur, le dossier d'acquisition sera souvent détenu par un service administratif (achats). Il y aura lieu d'en réclamer la nomenclature pour en connaître son contenu. On y trouvera bien souvent des éléments techniques précieux et même de la documentation relevant des autres familles de documents (**fiches descriptive et technique**).

↳ **Fiche descriptive**

La fiche descriptive remise par le fournisseur du bien est une partie importante de la connaissance du matériel. Elle permet de définir le matériel dans ses grandes fonctions et, si elle suit un découpage arborescent, elle permet divers niveaux de détails (Pour les équipements critiques nous avons fait une analyse fonctionnelle détaillée qu'on peut l'utiliser en cas du manque du fiche descriptive et surtout pour les équipements qui n'ont pas de documentation).

↳ **Fiche technique équipement**

↳ **Plan d'ensemble :**

Ce plan ou vue d'ensemble, de dimension suffisante pour être suffisamment clair donne une vision d'ensemble du bien, de ses différents organes et sous-ensembles.

↳ **Schémas fonctionnels et techniques :**

Le schéma de principe doit être complété par des schémas spécifiques détaillés, par fonction, par circuit d'énergie, ainsi que par des schémas partiels s'ils s'avèrent nécessaires. Parmi les schémas les plus importants on pourra distinguer :

- Le(s) schéma(s) de fonctionnement.
- Les schémas techniques de câblage.

- Les schémas des circuits hydrauliques et/ou pneumatiques.
- Les schémas des circuits logiques et analogiques.

b) Dossier opérationnel

✎ Instructions d'installation

Même si leur usage est limité à des moments très précis de la vie du bien. Elles doivent comprendre toutes les instructions et précautions à mettre en œuvre pour la manutention, le déballage, l'installation et les raccordements, la première mise en service et, éventuellement, la mise en conservation et le stockage du bien.

✎ Instructions d'utilisation

Ces instructions sont destinées principalement aux utilisateurs du bien. Toutefois, elles devront être connues des intervenants de maintenance. Leur importance est capitale car nombre de défaillances sont initiées par une mauvaise utilisation des biens.

Très souvent pour les biens industriels, on est conduit à reconcevoir ces instructions d'utilisation pour les adapter au contexte de l'atelier et aux modes de fonctionnement des utilisateurs. Elles doivent intégrer toutes les opérations en charge de l'utilisateur et donner suffisamment de précisions sur les caractéristiques qui ont une influence sur l'utilisation et la conduite du bien.

✎ Instructions de maintenance

Les instructions de maintenance sont constituées de l'ensemble des documents spécifiants et décrivants la maintenance adoptée pour chaque type de bien à maintenir. Elles sont essentielles pour l'activité maintenance et sont. Ces instructions doivent intégrer parfaitement toutes les règles d'hygiène et de sécurité spécifiques à l'entreprise ainsi que les aspects réglementaires (environnement...). Pour un bien donné, elles sont essentiellement constituées d'un :

✓ Plan de la maintenance préventive

Le plan de la maintenance (Voir annexe 8) énonce l'ensemble des interventions à réaliser sur le bien avec la périodicité préconisée (maintenance préventive systématique) et les observations nécessaires :

- Modes opératoires associés ;
- Ressources nécessaires (pièces et fournitures, matériel, outillage, compétences...) ;
- Etat du bien (en fonctionnement, à l'arrêt...) ;
- Etc.

Le plan de la maintenance permet de représenter, de façon globale et synthétique, l'activité maintenance prévisible sur le bien concerné.

✓ **Mode opératoire de maintenance**

Le mode opératoire de maintenance est un document décrivant le déroulement d'une intervention de maintenance, préalablement analysée et découpée en tâches élémentaires, afin d'en assurer la maîtrise et la pérennité du savoir-faire. Résultat d'une préparation d'intervention, le mode opératoire est adapté aux interventions présentant des difficultés particulières :

- Complexité de l'installation ;
- Durée de l'intervention ;
- Risques d'accidents ;
- Intervenants multiples ;
- Transfert de compétences ;
- Etc.

✓ **Check-list de maintenance**

Une check-list de maintenance est un document synthétique regroupant l'ensemble des actions simples, souvent réalisées par l'utilisateur lui-même, et ne nécessitant pas la rédaction d'un mode opératoire. Toutes ces actions doivent être réalisables par le même intervenant.

Remarque :

La check-list des opérations de maintenance de premier niveau est mit dans la 2^{éme} feuille du fiche technique équipement qu'on a élaboré. Pour assurer la traçabilité des travaux, on propose la fiche de suivi des opérations de maintenance de premier niveau (voir annexe 3).

✓ **Outils d'aide au diagnostic**

Les « outils » d'aide au diagnostic sont l'ensemble des documents formalisant la connaissance des défaillances potentielles et réelles sur un bien.

Un outil d'aide au diagnostic doit répertorier les symptômes de défaillance (effet) comme données d'entrée et définir pour chacun de ces symptômes la ou les causes potentielles. Dans certains cas, on peut compléter par les mesures correctives à mettre en œuvre.

c) **Catalogue des pièces détachées**

Il constitue la pièce maîtresse de la documentation d'un bien. Il fournit, en effet, aux gestionnaires et aux techniciens la liste complète des éléments et des pièces qui constituent le bien considéré afin d'en faciliter la maintenance : approvisionnement en pièces détachées, identification sans ambiguïté des ensembles et éléments susceptibles d'être remplacés.

Le catalogue des pièces détachées d'un bien est conçu pour illustrer les relations entre les différents éléments constitutifs du bien, au moyen d'une décomposition arborescente de ce bien. Il comporte des illustrations repérées, présentant le bien et ses principaux sous-ensembles et renvoyant chacune à une nomenclature ou liste descriptive des pièces de rechange ;

Remarque : Dans la première feuille du fiche technique équipement on a consacré un tableau qui regroupe tout les pièces critiques avec leurs références.

d) Instructions pour les modifications

Ces instructions répertorient les recommandations du constructeur, à respecter, dans le cas où on envisage d'effectuer des améliorations ou des modifications au bien concerné.

3.3.2. Dossier historique

L'objectif principal du dossier historique d'un bien est d'assurer la traçabilité dans le temps de tous les événements qui sont apparus pendant sa vie opérationnelle.

La traçabilité indispensable de l'activité de la fonction maintenance conduit à mettre en place un ensemble de documents, permettant d'enregistrer les données nécessaires pour établir les tableaux de bord de pilotage de l'activité en fonction de la politique maintenance appliquée. L'ensemble des paramètres nécessaires au calcul des indicateurs de maintenance constituant ces tableaux de bord détermine la nature et le contenu des formulaires d'enregistrement. Les formulaires (demande d'intervention, bon de travail, fiche visite préventive, rapport d'intervention, fiche rapport historique) qu'on a proposé pour gérer et enregistrer les travaux de la maintenance sont décrit en détaille dans les paragraphes précédentes.

Remarque : L'élément fondamental constitutif d'un dossier historique est la **fiche rapport historique**.

a) Fiche historique d'équipement (FHE),

La fiche historique d'équipement (Voir annexe 3) doit permettre d'identifier les types de problèmes qui se répètent, d'aider à en trouver la cause et de modifier au besoin les périodes d'inspection. Il sert également à compiler les coûts de réparation pour justifier, entre autres, un remplacement éventuel ou un investissement. Il compile en quelque sorte le résumé des informations relatives pour chaque réparation où des coûts ont été imputés. Il contient la date, une brève description de l'intervention, le numéro de bon de travail, le temps d'arrêt et les coûts impliqués.

En d'autres termes, sur chaque ligne du rapport historique, on se trouve à résumer l'intervention qui a nécessité un rapport d'intervention, c'est-à-dire un bon de travail. Les coûts que l'on retrouvait au bas du rapport d'intervention seront retranscrits sur le rapport historique. Ce rapport devient donc, pour le responsable du service maintenance, un outil efficace dans la prise de décision avant d'investir sur les équipements.

Comme cela est précisé dans la norme, il faut s'assurer de la maîtrise de la conservation des données. La figure 33 permet de visualiser clairement le processus des enregistrements.

b) Organisation de la fonction documentation

La fonction documentation de maintenance est l'une des sous-fonctions fondatrices de la maintenance car il est pratiquement impossible de bien maintenir un patrimoine de biens si l'on ne dispose pas d'un minimum de documentation sur ce patrimoine.

L'objectif principal de cette fonction documentation est donc de faire le nécessaire pour que chaque acteur de la fonction maintenance dispose, au moment où il en a besoin, des informations fiables qui lui sont nécessaires pour accomplir ses missions et réaliser ses actions. Chacun sera donc tour à tour utilisateur et fournisseur d'informations. Ce sera le rôle du responsable GTD de gérer ces données, les classer, les présenter et les rendre disponibles aux utilisateurs.

Fonction documentation

Trame du **QQOQCPC** (Quoi ? Qui ? Où ? Quand ? Comment ? Pourquoi ? Combien ?)

Quoi ? Quelles sont les tâches à accomplir ?
- Rechercher et collecter les documents et informations existants relatifs au matériel à traiter;
- Contrôler, dès réception, les éléments de documentation émanant des fournisseurs et sous-traitants;
- Caractériser le fonctionnement du matériel considéré;
- Coordonner et planifier les tâches nécessaires à l'élaboration des documents;
- Choisir les méthodes de réalisation;
- Créer et proposer les maquettes de formulaires et documents divers;
- Créer la maquette de la documentation opérationnelle :
  o Rédiger le catalogue des pièces détachées,
  o Etablir des nomenclatures de pièces détachées,
  o Rédiger les textes et les procédures d'utilisation et de maintenance;
- Valider techniquement les divers documents et les modifier le cas échéant;
- Choisir les supports adaptés aux besoins et aux moyens de l'utilisateur;
- Editer la documentation;
- Mettre en place une structure de mise à jour et de maintenance de l'ensemble des documents;
- Gérer l'ensemble des documents techniques, administratifs et de gestion ;
- etc.

Où ? Lieu d'archivage des dossiers
Armoires qui existent dans le bureau service maintenance

Quand ? Dans quels délais doivent-elles être accomplies ?
1 an

Comment ? Quels sont les moyens et les procédures nécessaires ?
Inventaires équipements, Plans de la maintenance préventive, Documents constructeur, Procédure d'enregistrement des interventions, Imprimante, Ordinateur, Papiers, dossiers suspendus, classeurs...

Pourquoi ? Pourquoi le besoin de la fonction documentation existe ?
- Pour analyser techniquement les coûts de maintenance ;
- Pour établir le budget de maintenance ;
- Pour définir les méthodes de maintenance appropriées et, en particulier, mettre en place un plan de maintenance préventive.
- Pour que chaque acteur de la fonction maintenance dispose, au moment où il en a besoin, des informations fiables qui lui sont nécessaires pour accomplir ses missions et réaliser ses actions.

Combien ? Quels sont les coûts associés ?
Couts des dossiers, classeurs, papiers, impression ...

Qui ? Qui peut (ou doit) les accomplir ?
Responsable GTD

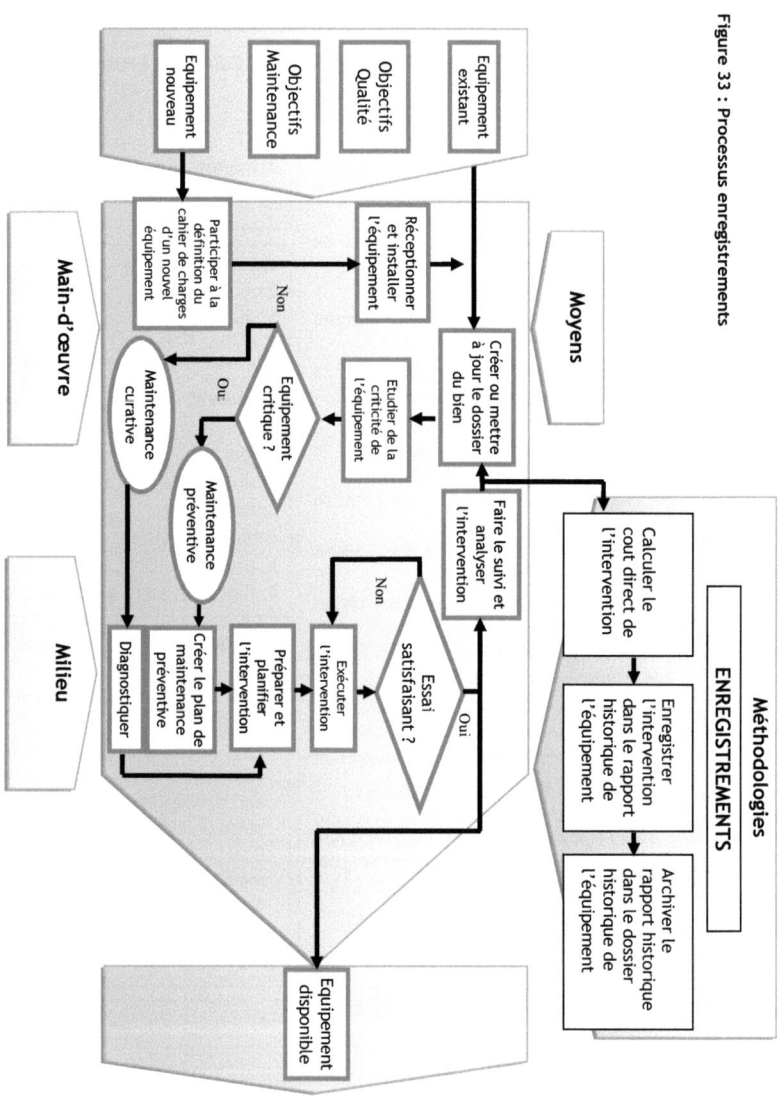

Figure 33 : Processus enregistrements

108

4. Moyens (hors personnel)

4.1. Infrastructures

La **SCIF** doit posséder les équipements (logiciels inclus) et les infrastructures nécessaires – tant en termes de quantité que de qualité – pour assurer le bon fonctionnement du processus maintenance:

- Elle doit les avoir définis;
- Elle doit les entretenir au-delà des contraintes réglementaires.

Le service maintenance est un cas particulier dans l'entreprise, car il assure la maintenance de ses propres équipements et infrastructures (équipements de maintenance spéciaux, ateliers).

4.2. Achats

Il importe de distinguer les types d'achats que l'on retrouve. Tout d'abord, il y a la nature du matériel faisant l'objet d'une réquisition: est-ce une pièce nécessaire à l'intervention (pièce d'équipement) ou une fourniture diverse (outil, graisse, produit quel conque, ...) non attribuable à un équipement donné?

Ensuite, et plus important encore, il faut juger de l'urgence de la réquisition: est-ce une pièce ou une fourniture que l'on doit obtenir rapidement pour effectuer l'intervention ou peut-on planifier son achat? La façon de procéder sera très différente dans chacun des cas car les motifs et les contraintes ne sont pas les mêmes.

4.2.1. Les interventions d'urgence

Pour les interventions d'urgence, la contrainte principale est le temps. Le temps d'arrêt-machine est crucial et souvent bien plus coûteux que la réparation elle-même. On optimisera donc le processus d'approvisionnement en fonction du facteur temps pour réduire au minimum les délais d'intervention. Pour ce faire, l'individu affecté à l'intervention devrait en être responsable et on devrait lui confier l'autonomie et les outils nécessaires pour effectuer l'achat rapidement sans passer par le système traditionnel des achats.

4.2.2. Les interventions planifiées

Comme certaines interventions peuvent être planifiées (maintenance préventif, projets d'amélioration d'équipement...), la contrainte se situe alors bien plus au niveau du prix. À ce moment, le processus normal des achats pourra très bien s'acquitter de cette tâche pour négocier les meilleurs prix tout en rencontrant les délais prévus.

Un des handicaps majeurs à une gestion efficace des réparations et des interventions d'urgence est causé par une lourdeur dans le système d'approvisionnement des pièces de rechange. Effectivement, les informations sont souvent altérées lorsque transmises de main à main ou elles se perdent dans la complexité d'une structure d'achat centralisée.

Il faut noter que la procédure actuelle de gérer les achats est basée sur la rédaction d'une demande de matières et pièces par le responsable de maintenance qui va l'envoyer a travers le magasin vers le responsable d'achats et gestions des stocks, et parfois l'envoie du demande se fait directement vers le responsable d'achats sans l'intermédiaire. Les illustrations suivantes caricaturent quelque peu cette situation:

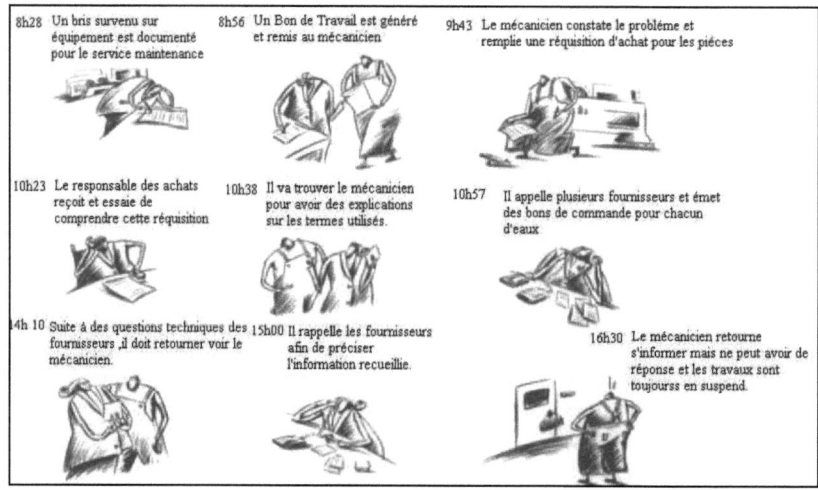

Figure 34 : Complexité et lourdeur du processus normal d'achat en cas d'urgence.

Ce processus est souvent long, génère beaucoup de documents papier en plusieurs copies et sollicite souvent des communications fréquentes entre les intervenants. L'alternative proposée est de séparer les achats de pièces de rechange pour les travaux d'urgence de la structure normale des achats de matières premières et fournitures diverses, et de les confier directement au service Maintenance.

Ainsi, lors d'une intervention (réparation) nécessitant une action rapide, l'agent de maintenance devrait avoir l'autonomie suffisante pour contacter directement les fournisseurs en coordonnant avec le responsable du service maintenance, et préciser dès lors les besoins, maintenance.

L'illustration suivante résume la nouvelle façon de procéder qui économise temps et papier :

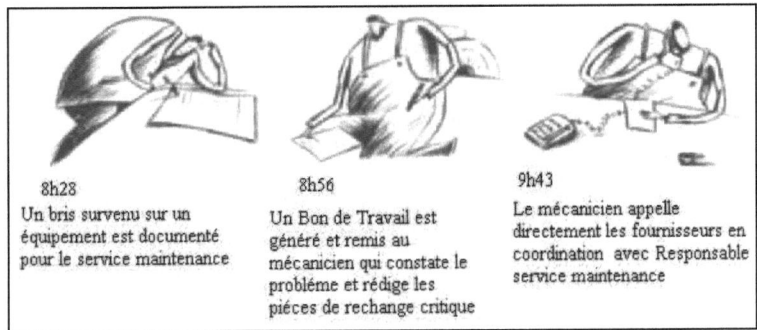

8h28	8h56	9h43
Un bris survenu sur un équipement est documenté pour le service maintenance	Un Bon de Travail est généré et remis au mécanicien qui constate le problème et rédige les piéces de rechange critique	Le mécanicien appelle directement les fournisseurs en coordination avec Responsable service maintenance

Figure 35 : Achat effectué directement par le service Maintenance

Les avantages de cette nouvelle manière de gérer l'achat des pièces de rechange urgentes :

- Les réparations en correctif sont souvent des cas d'urgence et ce qui coûte le plus cher dans ces cas, c'est le temps d'arrêt-machine (exemple: machine qui est vitale dans le processus de production).
  Donc, ce n'est pas une petite variation sur le prix des pièces qui peut compenser pour les coûts imputables à l'arrêt de la machine.
- Les gens responsabilisés par le fait qu'ils commandent eux-mêmes et qu'ils voient la valeur des pièces, sont souvent plus attentifs et prennent davantage soin des pièces qu'ils manipulent. La machine devient leur, ils en sont responsables.
- Les réparations peuvent se faire en dehors des **heures normales de bureau** ou lorsque le responsable des achats est **absent**. On ne peut donc se permettre de mettre en péril les commandes parce que personne ne peut prendre de décisions.
- Sauver du temps car le processus est direct, sans intermédiaire, surtout que le temps-machine est très important.
- Obtenir un feedback direct des fournisseurs (on exprime directement nous besoins).
- Eliminer le temps perdants dû aux non compréhension du service d'achat du besoin du service maintenance (service d'achat commande une de pièce de différente référence ou de moindre qualité de celle demandée).

On cherchera donc à diminuer les temps de réaction, la redondance de papiers, les communications inutiles, etc.

Principe : « *On veut que la personne qui constate le problème puisse l'emmener le plus loin possible avec le maximum d'autonomie et ayant pour conséquence une réduction des délais* ».

Les différents types d'achats et la procédure correspondante peuvent se traduire par le schéma suivant:

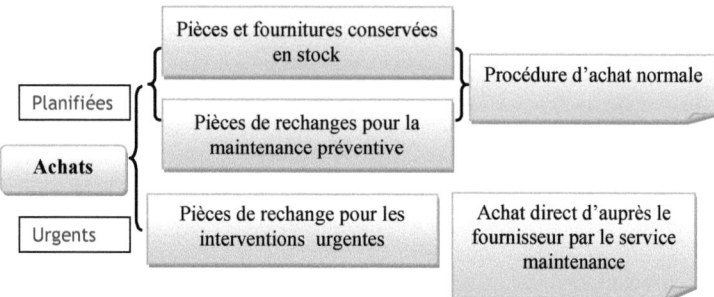

Figure 36 : Différents types d'achats et la procédure correspondante

La figure 37 permet de visualiser la place du processus d'achats et gestion des stocks dans le processus maintenance.

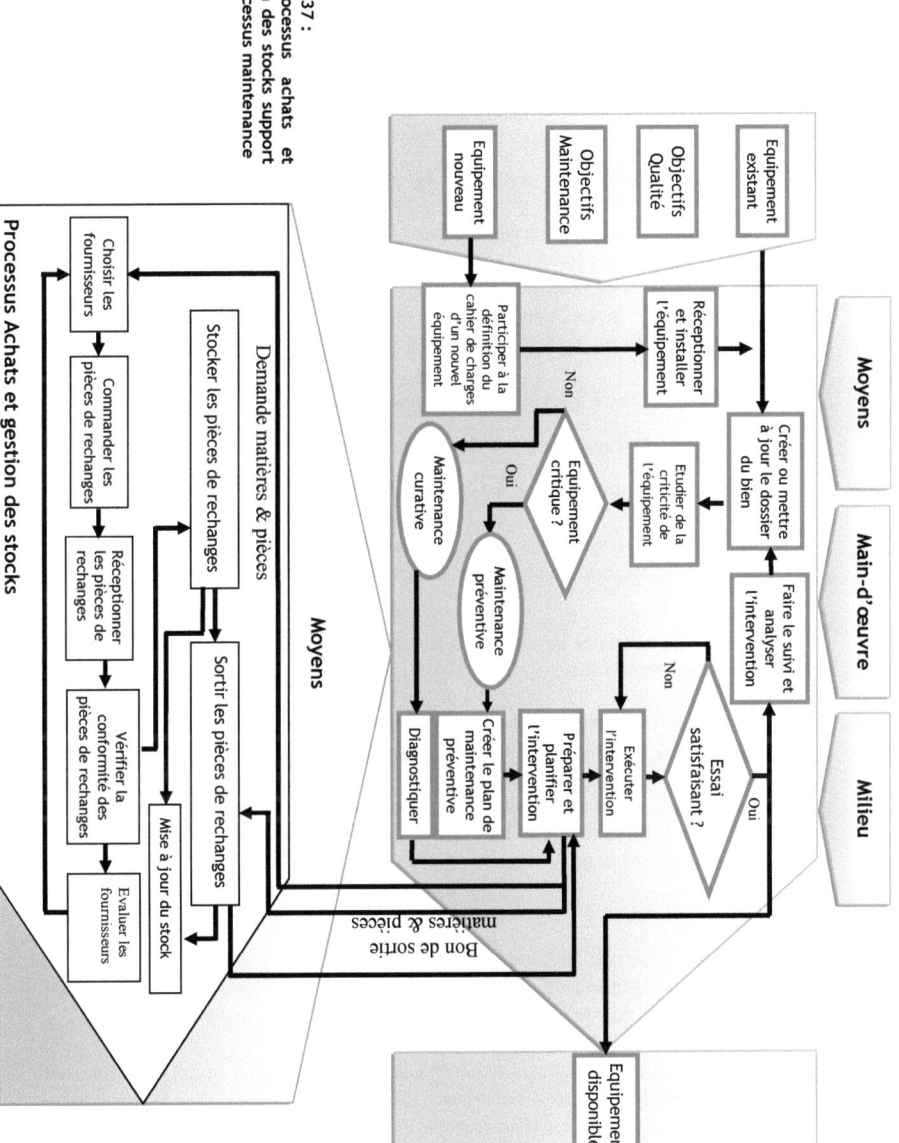

Figure 37 :
Le processus achats et gestion des stocks support du processus maintenance

113

4.3. Le sous processus de gestion des stocks

L'objectif à travers la possession d'un magasin de stock est d'éliminer les temps d'arrêt de production dus à la non disponibilité des pièces de rechange, et la diminution des coûts administratifs dus aux différents achats durant toute l'année. Une bonne gestion de stock doit assurer à un prix optimal ; la bonne pièce, à l'instant demandé.

Le stock du magasin de la **SCIF** est constitué de :

- Pièces spécifiques à un équipement donné.
- Pièces standards respectant les normes internationales (roulements, vis, écrous…).
- Les outillages et les matériels d'essai et de contrôle.
- Fournitures de bureau (stylos, cahiers, cartouches imprimante…), les moyens de sécurité (chaussures..) et les consommables d'entretien (nettoyage…)

✎ **Communication entre le service maintenance et le magasin :**

Les imprimés mis à la disposition des agents de la maintenance sont :

- Bon de sortie matières & pièces (**BSMP**) dans le cas où la pièce demandée existe dans le magasin.
- Demande de matières et pièces (**DMP**) dans le cas où la pièce demandée n'existe pas dans le magasin, cette demande doit être envoyée vers le responsable d'achats.

✎ **les problèmes constatés au niveau de la relation entre le service maintenance et le magasin sont les suivants :**

- Le non suivi du service maintenance de l'état actuel du stock des pièces de rechange.
- Le visa du bon de sortie matières et pièces est centralisé chez le responsable maintenance, en cas d'absence du responsable de maintenance la procédure de sortir les pièces de rechange va être arrêté ou ralenti, et plus de sa, cette tache constitue une charge supplémentaire pour le responsable maintenance et ne donne aucune valeur ajouté à l'organisation.

✎ **Propositions :**
- Afin que le service maintenance suive l'état du stock des pièces de rechange, nous proposons l'installation d'un ERP (progiciel de gestion intégré) qui va aider tous les acteurs de l'entreprise à avoir l'information souhaitée en le temps réel.
- Afin de résoudre le 2ème problème nous proposons que le visa des bons de sortie matières et pièces se fait par les chefs d'équipes (mécanique ou électrique), car se sont les plus proche aux agents maintenance et sont toujours présent dans le terrain, donc cela va réduire le temps d'intervention d'une façon remarquable. Par la suite nous donnons un exemple qui caricature l'ancienne procédure.

Exemple : Un intervenant à besoin d'une pièce quelconque qui existe dans le magasin pour réaliser une intervention urgente, il va rédiger un **BSMP** et il va se déplacer jusqu'au bureau du responsable service maintenance pour avoir le visa du responsable, mais il trouve que le responsable est en réunion dans la direction, donc il doit attendre jusqu'au le responsable finirai son réunion, cela va engendrer une perte de temps considérable et une augmentation de l'indisponibilité des équipements de production.

ᗊ Vérification du produit acheté

Les produits achetés doivent être conformes aux besoins du service maintenance. Pour ce faire, il est nécessaire de vérifier que le produit fourni correspond au cahier des charges, au stade approprié de son acquisition.

A l'occasion de la réception d'une pièce de rechange: on vérifie ses caractéristiques techniques (rôle du magasinier/demandeur), on vérifie la référence avant la mise en stock; pour un fluide, on vérifie la date de péremption ou la validité du produit ainsi que l'étiquetage;

5. Main-d'œuvre

5.1. Ressources humaines

Il est nécessaire de mettre en place un suivi des compétences du personnel pour réaliser les activités de maintenance. Pour cela, il est possible de mettre en place:

o Des listes de compétences (niveau scolaire, formations complémentaires, expérience, etc.);
o Des entretiens individuels annuels ;
o La tenue à jour des besoins en formation (plan de formation, fiches de recueil des besoins individuels) pour combler les lacunes ou améliorer les compétences.

Le but est de déterminer les manques de compétences et de les combler.

Une fois les manques de compétences identifiés, il est nécessaire d'y remédier par le biais du recrutement ou encore de la sous-traitance de compétences (conseil, intérim, etc.). Mais la formation est le moyen le plus courant pour combler les lacunes de compétences.

En matière de formation, la **SCIF** doit s'assurer que les actions ont atteint leurs objectifs. Il faut faire en sorte que le personnel s'implique dans la formation et que cela transparaisse ensuite dans le travail, ce qui peut être suivi au travers de fiches d'évaluation à l'issue des formations et de tableaux annuels globaux d'efficacité des formations: il faut mesurer l'efficacité immédiate et à long terme des formations.

Formation interne : En maintenance, l'intégration des nouveaux arrivants est importante. Pour ce faire, il est important d'organiser la formation des nouveaux arrivants et de les informer en utilisant par exemple les outils suivants:

- Liste des informations à destination du nouvel arrivant;
- Parcours d'intégration.

Il est également possible de mettre en œuvre le compagnonnage. Celui-ci repose sur un processus à développer, qui peut comporter quatre phases:

1. Définition du rôle du compagnon;
2. Préparation;
3. Transmission du savoir-faire;
4. Evaluation.

Le choix du compagnon doit être pertinent. Il faut veiller à ce qu'au final la transmission du savoir-faire ne soit pas qu'orale et que les éventuelles méconnaissances d'un compagnon ne soient pas dupliquées chez le nouvel arrivant.

La figure 38 permet de visualiser l'apport des ressources humaines dans le processus maintenance.

5.2. Responsabilité, autorité et communication

Le personnel de maintenance doit pouvoir se projeter et s'inscrire dans les orientations de la politique de l'entreprise et du service maintenance.

Il doit être responsabilisé dans ses missions et connaître ses limites en matière de délégation ou d'autorité (pouvoir de prendre des décisions). Pour ce faire, on a réalisé des Organigrammes, Matrice de responsabilité et des Fiches de fonction.

5.3. Interaction entre service maintenance et service du personnel et sociale

Le responsable du service maintenance doit transférer ses besoins en matière de compétence humaines au responsable du personnel : par exemple, poste permanent (Contrat de Durée Indéterminé **CDI**) ou provisoire dépendant de la charge du travail (Contrat de Durée Déterminé **CDD**).

Le responsable service maintenance doit proposer les types de formations convenable pour les agents de son service afin d'augmenter leur polyvalences ou leur compétences, ses propositions doivent être transférer au responsable service personnel et sociale qui doit choisir de son tour les établissements convenables qui permettront s'assurer les types de formation demander par le service maintenance.

Le responsable service maintenance doit suivre la présence de ses agents, il doit garantir un taux de présence presque constant, pour que les activités de maintenance ne connaissent pas une perturbation à cause de l'absence des agents. Le service personnel mis à la disposition des agents un bon de sortie, si un agent à quelque chose d'urgence et veut sortir ou cours des heurs de travail ou dans les jours à venir. l'agent de maintenance doit remplir le bon de sortie et le faire transférer au responsable maintenance pour qu'il donne son accord.

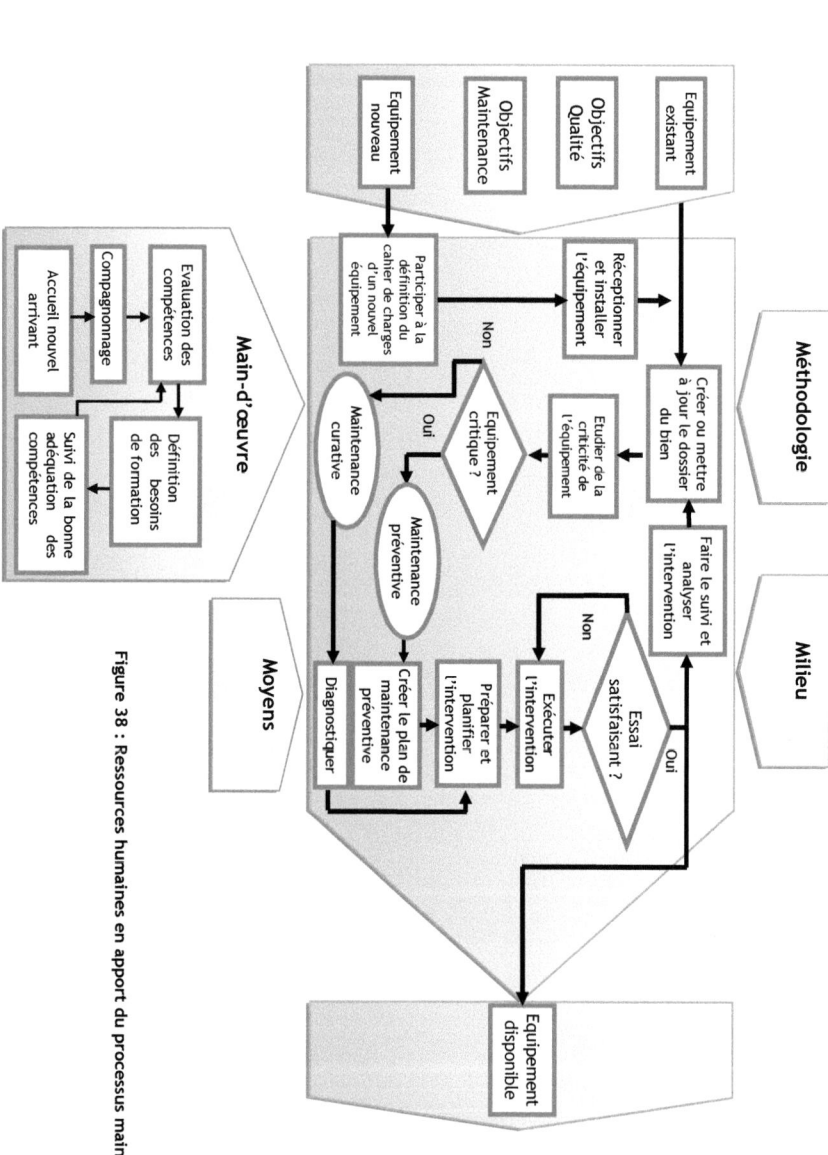

Figure 38 : Ressources humaines en apport du processus maintenance

6. Milieu

Ce qui a trait au milieu est abordé dans l'**ISO 9001** de manière très succincte dans le paragraphe de l'*Environnement de travail* :

« L'organisme doit déterminer et gérer l'environnement de travail nécessaire pour obtenir la conformité du produit » NF EN ISO 9001

Les facteurs constituant le milieu peuvent être humains (méthodes de travail, motivation, organisation, sécurité, mise en valeur des compétences, etc.) ou physiques (température, bureaux, éclairage, bruit, hygiène, poste de travail, etc.).

Le service maintenance doit gérer son environnement pour son propre intérêt mais également pour limiter son impact sur les autres milieux. Les chantiers ne doivent pas être polluants, salissants, contaminants, etc. Ils doivent respecter certaines règles d'hygiène et ne doivent pas constituer des facteurs de danger pour les autres (chute d'objets, objets encombrants, liquides non maîtrisés, etc.).

Bien entendu, dans le cadre de la maintenance, les exigences relatives au lieu de travail ne sont pas faciles à appliquer puisqu'une bonne partie du personnel intervient dans des conditions «difficiles». Par contre, les règles s'appliquent un peu plus facilement au personnel d'encadrement, au moins pour le travail se déroulant dans des bureaux.

Un environnement de travail adapté doit tenir compte:

- Des règles et des conseils de sécurité, y compris de l'utilisation d'équipements de protection;
- De l'ergonomie;
- De l'emplacement des postes de travail;
- Des interactions sociales;
- De la chaleur, de l'humidité, de l'éclairage, de la circulation d'air;
- De l'hygiène, de la propreté.
- Etc.

Il est difficilement possible de maîtriser le milieu d'intervention des équipes de réalisation de la maintenance (hormis les bureaux et les ateliers), qui correspond à l'ensemble de l'entreprise. En revanche, il est possible:

- D'adapter les équipements des intervenants au milieu où ils sont appelés à intervenir (EPI, vêtements, protections, outils spéciaux, etc.);
- D'identifier dans toute l'entreprise les dangers potentiels (identification des fluides, protection anti-chute, etc.);
- De préparer correctement les interventions,...

7. Sortants du processus

Les sortants du processus de la maintenance sont constitués des besoins du client du processus, lesquels concernent généralement:

- La disponibilité optimale des biens;
- Une maintenance efficiente (meilleure efficacité pour des moyens donnés, dont la sécurité et l'environnement).

Pour s'assurer de l'atteinte de ses objectifs, le service maintenance doit mettre en place des mesures de performance de son système de management. Au sens de la norme, il s'agit de la «surveillance» et du «mesurage».

7.1. Surveillance et mesurage

7.1.1. Audit interne

L'audit interne va aider le service maintenance à atteindre ses objectifs. Il s'agit d'un outil très performant et incontournable pour vérifier la mise en œuvre correcte du management. Son but premier n'est pas la recherche d'erreurs mais bien la vérification des conformités. Il permet de s'assurer que le management, tel qu'il est défini, permette d'atteindre les objectifs visés.

L'audit interne de maintenance doit être un examen méthodique, indépendant et objectif. Il donne au service une assurance sur le degré de maîtrise de ses dispositions préétablies et des dispositions réellement mises en œuvre. Le compte-rendu d'audit doit contenir des conseils pour améliorer ces dispositions, et contribue à créer de la valeur ajoutée au service de l'atteinte des objectifs.

Les audits doivent être planifiés. Pour plus d'informations, l'ISO/TS16949:2002 exige une planification annuelle. Les audits peuvent être utilisés pour analyser les causes d'un problème. Le service maintenance sera audité par des personnes qui ont un minimum de connaissance en maintenance. On propose le responsable qualité pour faire cet audit.

Il existe trois étapes dans le déroulement d'un audit:

a) la phase préparatoire :

- Choix du référentiel, rassemblement et examen des documents supports de l'audit demandés au service maintenance;
- Etablissement du plan de l'audit;
- Diffusion de l'information concernant le plan d'audit et le domaine d'application auprès du personnel de maintenance qui va être audité;

b) La réalisation de l'audit :

- Examen et contrôle de la situation sur le terrain;
- Relevé des écarts et des inexactitudes et évaluation de l'impact de ceux- ci sur les objectifs préétablis;
- Recherche de l'origine des écarts;
- Diffusion des résultats de l'audit auprès du personnel de maintenance audité, lequel peut faire part de ses propres remarques à l'auditeur;

c) L'exploitation de l'audit :

- Rédaction du rapport final d'audit et communication au responsable du service maintenance;
- Analyse par le responsable service maintenance des constats et mise au point d'un plan d'actions comportant les corrections les plus adéquates pour améliorer certaines actions.

7.1.2. Indicateurs de performance

Avant d'envisager d'améliorer l'efficience de la maintenance en termes de qualité, de coût, de délais, il faut savoir la mesurer.

Rappelons que l'audit va nous permettre de vérifier que le management que l'on a défini est en place et que l'on est en mesure d'atteindre les objectifs que l'on s'est fixés. Il ne sert pas à savoir où l'on en est précisément dans l'atteinte des objectifs. Pour ce faire, il nous faut mettre en place des indicateurs de performance.

Les indicateurs de performance de la maintenance doivent:

- Résumer des systèmes complexes du management en une indication simple et claire afin de s'assurer de leur bon fonctionnement;
- Etre liés à un objectif chacun;
- Etre associés à une action qui les fera évoluer (quand un indicateur incite à l'action, on doit savoir quelle action réaliser pour agir sur lui);
- Etre mesurables et simples à mesurer (informations aisément accessibles);
- Etre constitués de valeurs mesurables sans ambiguïté et être partagés par tous;
- Permettre de connaître la tendance.

Par contre, pour le sujet qui nous intéresse, c'est-à-dire la maintenance, ils n'ont pas en grande majorité besoin d'être mesurables en temps réel.

Pour éviter la multiplication d'indicateurs de performance, il est tout à fait possible de mettre en place ponctuellement et pour une période limitée des indicateurs spécifiques destiné à mesurer un aspect particulier du processus maintenance. L'ensemble des indicateurs qu'on propose ont pour objectif le suivi de l'implantation de la maintenance préventive.

En ce qui concerne le management de la maintenance, il est parfaitement envisageable de regrouper tous les indicateurs sous la forme d'un tableau de bord.

Un tableau de bord reprend les valeurs réelles d'indicateurs et les compare à des références. Cet outil est particulièrement adapté au travail en groupe: son analyse et sa lecture sont faite par (Responsable service maintenance, Responsable GTD, Chefs d'équipes,...).Idéalement, les écarts mis en évidence par le tableau de bord seront analysés et constitueront le point de départ de la démarche d'amélioration.

L'idéal serait de trouver un indicateur pour mesurer précisément chacun des objectives maintenances à atteindre sans que ceux-ci ne soient influencés par d'autres paramètres: à chaque objectif correspondrait un seul indicateur.

Malheureusement cet idéal n'existe pas: beaucoup d'indicateurs mesurent l'interaction entre de nombreux paramètres. Aussi, il arrive que des indicateurs qui semblent le seul reflet de la maintenance soient également influencés par la fabrication (c'est le cas par exemple du taux de rendement économique – TRE – et du taux de rendement global – TRG), voila pourquoi pour le management de la maintenance on ne retient que le taux de rendement synthétique (TRS). En revanche, nous allons examiner en détail les indicateurs suivants:

o **TRS** : Taux de **R**endement **S**ynthétique ;
o **TRGP** : Taux de **R**éalisation de **G**ammes **P**réventives ;
o **PP** : **P**roductivité du **P**ersonnel ;
o **TIP** : Taux d'**I**nterventions **P**réventives ;
o **TP** : Taux de **P**résence ;

a) Le TRS (Taux de Rendement Synthétique)

L'indicateur **TRS** est d'utilisation courante. Il a été popularisé notamment par la démarche **TPM** (**T**otal **P**roductive **M**aintenance) dont il mesure la performance. Il est défini par la formule:

TRS = Temps utile de fonctionnement des biens/Temps requis (5)

Le **TRS** correspond au produit de trois indicateurs:

TRS = Taux de disponibilité x Taux de performance x Taux de qualité

Il s'agit de comparer le temps utile au temps pendant lequel il a été possible de produire (voir figure 39)

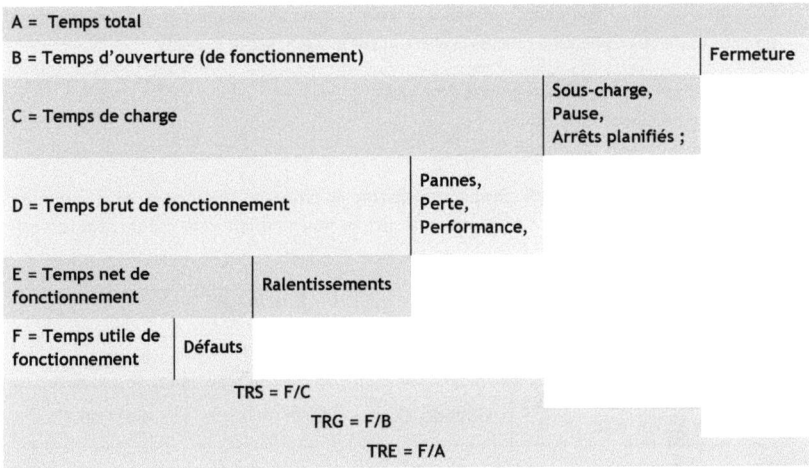

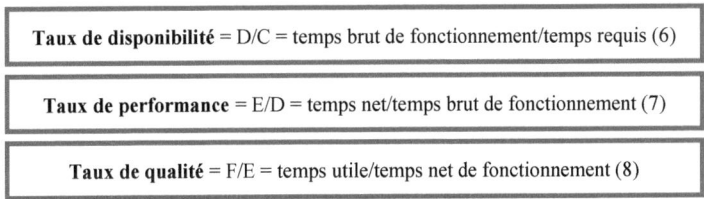

Figure 39 : TRS, TRG et TRE

Voici les formules de calcul des trois indicateurs:

| **Taux de disponibilité** = D/C = temps brut de fonctionnement/temps requis (6) |

| **Taux de performance** = E/D = temps net/temps brut de fonctionnement (7) |

| **Taux de qualité** = F/E = temps utile/temps net de fonctionnement (8) |

Le temps requis (C) correspond au temps pendant lequel le moyen de production est engagé avec la volonté de produire. Il inclut les temps d'arrêt subis (pannes, absences du personnel,...) et programmés (changement de série,...). De la même façon qu'il est maladroit d'associer la **TPM** à la maintenance, la première étant bien plus globale et concernant d'autres processus que celui de la maintenance, il vaut mieux, malgré sa popularité, ne pas utiliser le **TRS** comme indicateur de maintenance, à moins de prendre certaines précautions:

- le **TRS** est un indicateur qui mesure un sujet global, il n'est donc pas en soi un indicateur de performance; toutefois, en cas d'écart avec l'objectif, et comme il est composé de trois sous-indicateurs déterminés, on sait comment il faut agir;
- le **TRS** mesure les résultats de plusieurs processus et il est donc difficile de comprendre précisément l'incidence du processus maintenance; par contre, si l'on calcule le **TRS** en ne prenant en considération que les pannes, les arrêts, les ralentissements liés à la maintenance, alors l'indicateur est utile pour la mesure du processus maintenance.

Quoi qu'il en soit, il faut plutôt considérer le **TRS** comme un indicateur pour un ensemble de processus. En effet, plusieurs processus agissent sur le **TRS**, parmi lesquels:

- Le processus achats et gestion des stocks;
- Le processus fabrication;
- Le processus maintenance.

Aussi, pour augmenter le **TRS**, chaque responsable de processus (également appelé «**pilote**») doit générer sa part de gain. La répartition se fait au travers d'une «matrice de déploiement» (voir tableau 22).

Objectif	Processus		
	Maintenance	Achats et gestion des stocks	Production
Amélioration du **TRS :** gain de 5% en 1 an	Gain de 2%	Gain de 1%	Gain de 1%

Tableau 37 : Matrice de déploiement

En résumé, le **TRS** est un indicateur de mesure de l'efficience du management de la maintenance tant que l'on fait ressortir les informations strictement en rapport avec la maintenance.

En cas d'écart avec l'objectif, comment doit-on agir ?

Si l'on constate un écart:

- ✿ De disponibilité, c'est-à-dire des pannes trop nombreuses, on peut agir de plusieurs façons possibles, notamment par le biais:
  - De la planification des interventions pendant les temps non requis;
  - Du respect du planning de la maintenance préventive;
- ✿ De performance, c'est-à-dire des écarts de cadence, on peut agir sur:
  - la qualité des interventions de maintenance pour supprimer les modes dégradés;
  - la fiabilisation des biens;
- ✿ De qualité, dû à des non-qualités, on peut agir sur:
  - La qualité des interventions de maintenance sans impact sur le milieu;
  - La fiabilité des biens.

b) Le TRGP (Taux de Réalisation de Gammes Préventives) :

Pour le suivi de la réalisation des gammes nous avons proposé de mettre en place **l'indicateur de réalisation de gamme préventives** donnée par :

$$TRGP = \frac{\text{Nombre de gammes préventif réalisées}}{\text{Nombre de gammes planifiées}} \quad (9)$$

Le suivi de cet indicateur permet l'évaluation dans le temps de méthodes de travail et de l'évolution de la maintenance préventive.

c) Le PP (Productivité du Personnel) :

Pour mesurer l'efficacité interne des équipes et de l'organisation du service maintenance nous avons proposé de mettre en place un **indicateur de productivité du personnel** de maintenance cet indicateur est donné par :

$$PP = \frac{\text{Temps effectif du travail}}{\text{Temps de présence}} \quad (10)$$

Cet indicateur mesure la qualité de la logistique et de l'organisation (gaspillage du temps en déplacement, en attente, en recherche des moyens nécessaire, etc).

d) Le TIP (Taux d'Interventions Préventives) :

Pour évaluer l'évolution du préventif par rapport au curatif nous proposons de mettre en place **l'indicateur de la part du préventif** donné par :

$$TIP = \frac{\text{Nombre d'heures des interventions préventives}}{\text{Nombre d'heures des interventions totale}} \quad (11)$$

e) Le TP (Taux de Présence) :

Pour le suivi la présence des agents de maintenance nous avons proposé de mettre en place **l'indicateur de présentéisme** donnée par :

$$TP = \frac{\text{Nombre d'heures de présence effective}}{\text{Nombre d'heures standards prévues}} \quad (12)$$

Les tableaux suivants nous permettrons d'analyser ces indicateurs en détailles :

Tableau de bord de suivi d'implantation de la maintenance préventive

	Taux de Réalisation de Gammes Préventives	Taux d'Interventions préventives	Productivité du Personnel	Taux de Présence	Taux Rendement Synthétique
Nom de l'indicateur					
Abréviation	TRGP	TIP	PP	TP	TRS
Identification	Réalisation de gammes préventives	Part des interventions préventives	productivité du personnel	Présentisme du personnel de maintenance	Performance des équipements
Mode de calcul	$\dfrac{\text{Nombre de gammes préventif réalisées}}{\text{Nombre de gammes planifiées}}$	$\dfrac{\text{Nombre d' heures des interventions préventives}}{\text{Nombre d' heures des interventions totale}}$	$\dfrac{\text{Temps effectif du travail}}{\text{Temps de présence}}$	$\dfrac{\text{Nbr d'heures de présence effective}}{\text{Nbr d'heures standard prévues}}$	$\dfrac{\text{Temps utile de fonctionnement des biens/temps requis}}{}$
Unité de mesure	%	%	%	%	%
Source de données	Fiches rapport historique + Fiches Plan de la maintenance préventive	Rapports historique des interventions	Fiches rapports journalier	Fiches de pointage	Rapports historique des équipements critiques + Fiches débit
Actions à mener : - si on a atteint l'objectif	Maintenir ce niveau	Maintenir ce niveau	Maintenir ce niveau	Maintenir ce niveau	Maintenir ce niveau

| Actions à mener : - si on n'a pas atteint l'objectif | Analyser les causes du non réalisation de gammes préventif | Préparer ou faire la mise à jour du plan de la maintenance préventive pour les machines critiques | - Chercher les agents qui prennent la fuite de ses responsabilités et prendre les décisions convenables.
 - Diminuer le temps de préparation des interventions. | -Chercher les agents qui absentent et prendre les décisions convenables.
 - n'accorder pas des Bons de sortie sauf en cas d'urgence | Si l'on constate un écart:

 De disponibilité, c'est-à-dire des pannes trop nombreuses, on peut agir de plusieurs façons possibles, notamment par le biais:
 - De la planification des interventions pendant les temps non requis;
 - Du respect du planning de maintenance de la maintenance préventive;

 De performance, c'est-à-dire des écarts de cadence, on peut agir sur:
 - La qualité des interventions de maintenance pour supprimer les modes dégradés;
 - La fiabilisation des biens;

 De qualité, dû à des non-qualités, on peut agir sur:
 - La qualité des interventions de maintenance ;
 - La fiabilité des biens. |

Tableau 38 : Tableau de bord de suivi d'implantation de la maintenance préventive

Indicateur	Présentation		Valeur cible	Seuil de tolérance	Périodicité	Observations
	Graphique	Motif				
Taux de Réalisation de Gammes Préventives	Histogramme	Bonhomme	100%	80 %	Mensuelle	Le calcul ne se fait pas pour chaque équipement critique, mais pour le processus de maintenance.
Taux d'Interventions préventives	Histogramme	Bonhomme	30%	25 %	Mensuelle	Le calcul ne se fait pas pour chaque équipement mais pour le processus de maintenance.
Productivité du Personnel	Histogramme	Bonhomme	70%	50%	Hebdomadaire	Le calcul ne se fait pas pour chaque agent mais pour l'ensemble des agents de maintenance.
Taux de Présence	Histogramme	Soleil	90%	70%	Hebdomadaire	Le calcul ne se fait pas pour chaque agent, mais pour tous les agents (on additionne tout les heures de travail effectif de chaque agent et on les divise sur les heures standards additionné de chaque agent)
Taux Rendement Synthétique	Radar	Bonhomme	92,24%	80%	Semestrielle	Cet indicateur est calculé pour chaque équipement critique

Tableau 39 : Tableau montrant les valeurs cibles et les seuils de tolérance des indicateurs du TdB.

CHAPITRE 6 : IMPLANTATION DE LA MAINTENANCE PREVENTIVE ET ANALYSE DES RESULTATS

1. Implantation de la maintenance préventive

1.1. Introduction

Les plans de la maintenance préventive élaborés pour les équipements critiques, il ne reste alors que les mettre à l'épreuve. La phase d'implantation est vraiment une partie intéressante car tous les travaux que nous avons réalisé et dont on a parlé précédemment vont se concrétise avec l'outil informatique.

Mais (il y a a toujours un mais), les travaux de maintenance doivent être planifiés à l'avance. Toute intervention exige des moyens (personnel, outillage, pièces de rechange, ...) et ces moyens représentent une mobilisation qu'il faut utiliser de façon optimale.

Pour profiter des retombées de la maintenance préventive, la planification des travaux est cruciale et le suivi qu'on en fait est indispensable à l'évolution et à la survie du programme de la maintenance préventive au fil des ans.

1.2. Planifier les travaux de maintenance préventive

Une fois le dossier machine est complété, il s'agit maintenant de traduire les directives en ordre de travail sur le terrain. Pour ce faire, des bons de travail (**maintenance préventive systématique**) et des fiches de visites préventives (**maintenance préventive conditionnelle**) seront émis par le responsable **GTD**.

L'élaboration des bons de travail préventif et les fiches de visites préventives se fait à partir des données du plan de la maintenance préventive. Pour élaborer leur contenu, il faut séparer et regrouper les différentes tâches selon la spécialisation de l'intervenant, selon la fréquence ou périodicité de réalisation et selon le type d'intervention préconisé.

- **Tâches hebdomadaires**

Les activités hebdomadaires devraient plutôt être regroupées en rondes régulières. Comme elles reviennent à chaque semaine, il serait facile de séparer la charge totale de travail pour tous les équipements en plusieurs routines quotidiennes mais différentes d'un jour à l'autre. Il y aurait la ronde du lundi, celle du mardi, du mercredi, etc. Chacune de ces rondes inclurait un certain nombre d'équipements en fonction du temps et des ressources disponibles.

- **Tâches mensuelles, aux 3 mois, aux 6 mois et annuelles**

De la même façon que pour les tâches hebdomadaires, il faut regrouper les différentes tâches qui ont des périodicités identiques et les transposer sur une seule fiche qui fera l'objet d'un bon de travail préventif ou d'une fiche de visite préventive.

Par exemple, « *si on a une intervention préventive systématique du 6 mois et une autre de périodicité mensuel, il est normal qu'à l'arrivée du 6ème mois, l'entretien mensuel se réalise en même temps que l'entretien majeur dû aux 6 mois. Ces deux entretiens seront donc combinés sur le même bon de travail à moins d'indications contraires* ».

1.3. Le suivi et l'évaluation du programme préventif

La planification des travaux est nécessaire d'une part, pour la prévision des travaux importants prévus longtemps à l'avance et d'autre part, pour l'ordonnancement des travaux courants découlant des fiches (Bons de travail, fiches visites préventives).

Pour représenter cet ordonnancement, on propose l'utilisation du logiciel « **MS Project** » qui nous permet de visualité les travaux sous forme de calendrier et qui permet aussi d'établir une prévision de l'emploi du temps tout en visualisant le programme d'actions.

Le calendrier permet:

- o de répartir uniformément la charge de travail dans le temps;
- o de planifier des arrêts de l'équipement conjointement avec le département de production;
- o d'assurer la disponibilité de la main-d'œuvre;
- o d'assurer la disponibilité du matériel requis;
- o de commander à l'avance les pièces de rechange.

Le responsable **GTD** est en mesure de faire connaître ses besoins au responsable de la production. On établira ainsi une enveloppe de temps réservée pour la maintenance préventive dans tel mois ou telle semaine exactement.

Voici le calendrier des interventions du **mois juillet 2011** qui pourrait être monté sur un grand tableau avec jetons magnétiques ou épinglettes, et localisé à la vue de tout le monde dans l'entreprise.

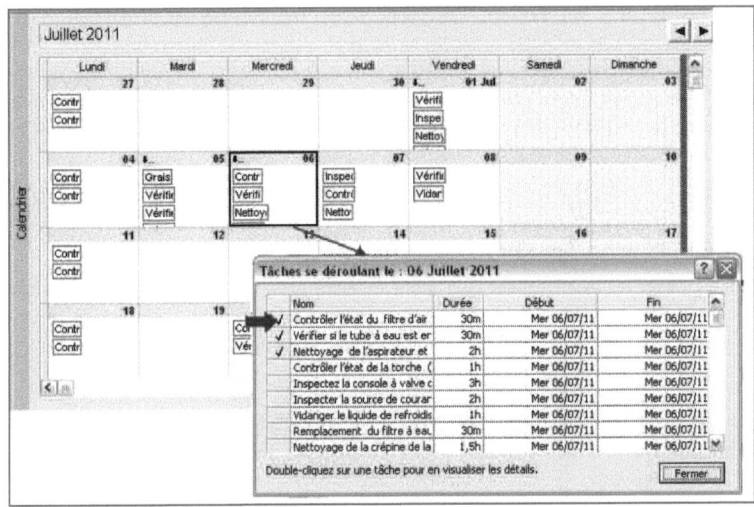

Figure 40 : Calendrier des interventions préventives du mois juillet 2011

Pour savoir plus de détaille sur chaque intervention (Notes méthodes, état de la machine lors de l'intervention, intervenant(s), durée...) on fait double clique sur la tâche.

Le figure ci-dessous montre les détailles d'un contrôle préventif du filtre d'air de l'oxycoupeuse D208.

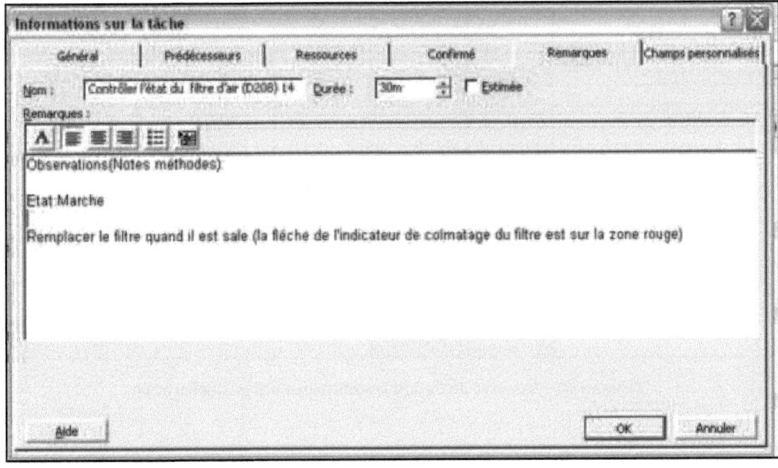

Figure 41 : Détailles d'un contrôle préventif du filtre d'air de l'oxycoupeuse D208.

131

Le calendrier de « **MS Project** » est quand même très flexible car si pour des raisons impératives, ou hors de notre contrôle, on ne peut réaliser une intervention prévu sur une machine, on pourrait reporter cette activité à la semaine suivante et en profiter pour devancer alors l'intervention prévu pour la semaine suivante sur une autre machine. Le calendrier n'est donc pas coulé dans le béton; il demeure avant tout un outil de planification et de suivi qui se doit de s'ajuster en cours de route selon la réalité du plancher.

2. Analyse des résultats :

2.1. Introduction

Afin d'évaluer les améliorations déjà mises en place ainsi que les propositions nous avons fais appel une deuxième fois à l'audit de maintenance pour évaluer le service après les améliorations misent en place et faire une comparaison entre l'état avant et celui d'après.

2.2. Audit de maintenance

Vers la fin de notre stage de fin d'études, nous avons lancé une deuxième fois le même questionnaire d'audit de maintenance afin d'évaluer nos améliorations d'un coté et de les valoriser d'autre coté.

2.2.1. Tableau des résultats

Le tableau suivant regroupe les résultats qu'on a trouvés, par contre le détailles de l'audit après amélioration est dans l'annexe 9 :

Domaines d'analyses	Scores obtenus	Expertise	Maxi possible	Pourcentage /Expertise	Pourcentage /Max possible
A. Gestion des équipements.	11	9	15	122,22%	73,33%
B. Maintenance premier niveau	5	4	8	125,00%	62,50%
C. Gestion stocks	7	6	14	116,67%	50,00%
D. Gestion des travaux	10	8	12	125,00%	83,33%
E. Analyse FMDS	11,3	8	13	141,25%	86,92%
F. Analyse des couts	4,3	5	10	86,00%	43,00%
G. Base de données	7,5	4	9	187,50%	83,33%
H. Planification	10	4	12	250,00%	83,33%
SCORE TOTAL	**66,1**	**48**	**93**	**137,71%**	**71,08%**

Tableau 40 : Résultat de l'audit maintenance après amélioration.

2.2.2.   Le tracé du profil maintenance

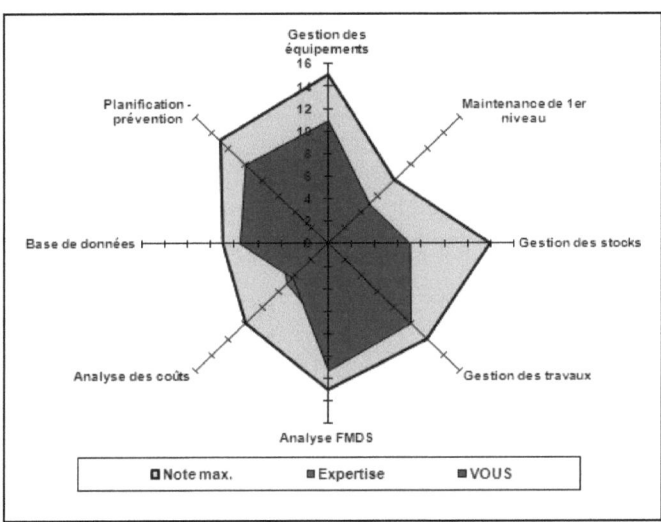

Figure 42 : Schéma radar montrant la position du niveau de performance du service maintenance de la SCIF, après les améliorations, par rapport à l'expertise et la performance maximale.

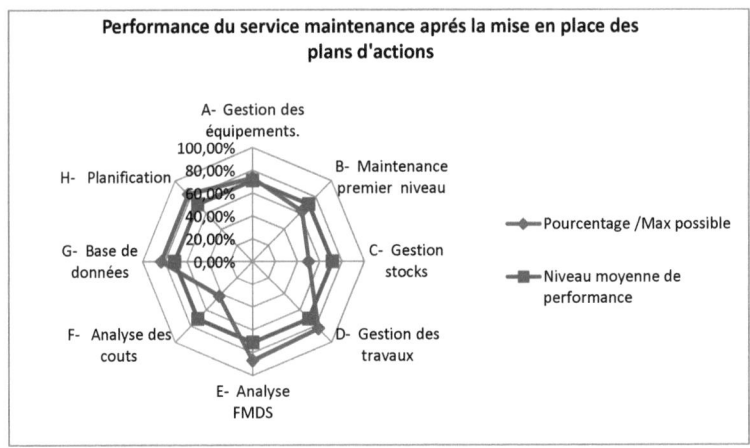

Figure 43 : Performance du service maintenance après la mise en place des plans d'actions

2.2.3. Comparaison des résultats

Au début de notre stage, nous avions mené un audit de la maintenance des équipements de la SCIF, les résultats de cet audit avec les résultats après les améliorations apportées sur le service maintenance s'est présenté comme suit :

Domaines d'analyses	Scores obtenus		Maxi possible	Pourcentage		Ecart en (%)
	Avant	Après		Avant	Après	
A- Gestion des équipements.	2.5	11	15	16,67 %	73,33%	+ 56,66%
B- Maintenance premier niveau	0	5	8	0 ,00%	62,50%	+ 62,50%
C- Gestion stocks	7	7	14	50 ,00 %	50,00%	0,00%
D- Gestion des travaux	1	10	12	8,34 %	83,33%	+ 74,99%
E- Analyse FMDS	0.3	11,3	13	2,31 %	86,92%	+ 84 ,61%
F- Analyse des couts	0.8	4,3	10	8,00 %	43,00%	+ 35,00%
G- Base de données	1 .1	7,5	9	12,23 %	83,33%	+ 71,10%
H- Planification	0.5	10	12	4,17 %	83,33%	+ 79,16%
SCORE TOTAL	13,2	66,1	93	14,2%	71,08%	+ 56,88%

Tableau 41 : Résultat de l'audit maintenance après amélioration.

Dans la table ci-dessus nous présentons les résultats que nous avions obtenu au début de notre stage et après amélioration ; nous pourrons constater que le score total du service est augmenté.

Il faut noter que les différents domaines audités sont liés l'un à l'autre et jouent un rôle primordial au sein du service maintenance ; donc une amélioration apportée sur l'une des domaines audités peut très bien influencer sur les autres domaines, d'où nous devrions prendre les décisions adéquates afin d'aboutir à des résultats impeccables.

Dans le but de mieux apercevoir la progression marquée au sein du service maintenance nous proposons la figure ci-dessous :

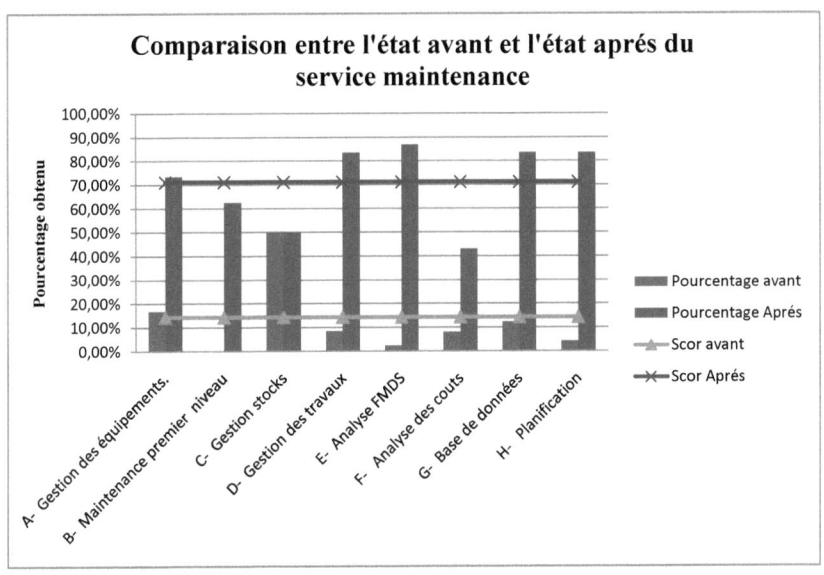

Figure 44 : Diagramme de comparaison de la performance du service maintenance avant et après amélioration.

Pour visualiser la progression des différents domaines audités par rapport au score total du service maintenance que ça soit avant ou après amélioration, nous proposons le schéma radar suivant :

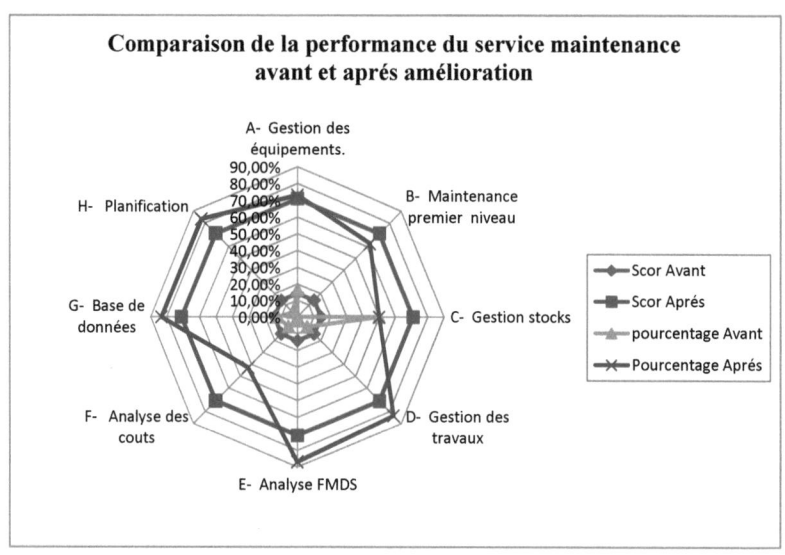

Comparaison de la performance du service maintenance
avant et aprés amélioration

A- Gestion des équipements.

H- Planification

B- Maintenance premier niveau

G- Base de données

C- Gestion stocks

F- Analyse des couts

D- Gestion des travaux

E- Analyse FMDS

Scor Avant
Scor Aprés
pourcentage Avant
Pourcentage Aprés

Figure 45 : Schéma radar de comparaison de la performance du service maintenance avant et après amélioration.

Selon les résultats présentés ci-dessus dans le tableau et visualisés sur les deux figures précédents, nous apercevons une progression remarquable dans le score totale du service maintenance après avoir mis en place les améliorations nécessaires et qui sont relevés par l'audit au départ.

Il est claire que certains domaines viennent d'apparaître mal coté par rapport au nouveau score moyen total du service maintenance(Gestion des stocks), ceci est bien prévu car nous n'avions pas intervenu la dessus pour la simple raison qu'ils ont été bien coté par rapport au score initiale.

Donc ces nouveaux domaines qui sont apparus mal coté par rapport au nouveau score du service maintenance feront bien l'objet de la prochaine amélioration ; D'où la nécessité de faire une amélioration continue du service maintenance dans le but de le rendre plus performant.

2.3. Conclusion

Dans ce chapitre nous avons présenté les différents gains apportés au service maintenance qu'on a pu mesurer.

Nous avons pu élever la performance du service maintenance de 14,2% à 71,08%.

CONCLUSION GENERALE

Ce projet de fin d'études est bénéfique d'une part pour nous car on a pu confronter des obstacles qui nous ont aidé à apprendre des choses qu'on ne peut pas apprendre dans l'école et d'autre part pour la société car c'est bien un support qui vas l'aider dans l'accélération de la formalisation et pour la collecte de la documentation nécessaire pour bâtir un dossier technique très solide dans le but de maîtriser le coût globale de la maintenance.

Au cours de ce travail, nous sommes arrivés à formaliser les anomalies enregistrées par l'audit de maintenance et de proposer les différentes améliorations nécessaires dans le cadre des travaux de reconstruction que la société connait, ils s'agissent essentiellement des travaux de conception de la politique de maintenance et la conception du processus maintenance selon les exigences de l'ISO 9001 : 2008.

Nous avons pu aussi sélectionner les équipements les plus pénalisants au niveau des deux ateliers de Débitage-Usinage et de la Chaudronnerie. Ensuite nous avons subdivisé les équipement critiques en sous ensembles et composantes par une analyse fonctionnelle, puis nous avons mené une étude AMDEC sur les composantes constitutives dans le but de dégager un plan d'actions qui vise à diminuer la criticité ou éliminer les modes de défaillance. Nous avons établi un plan d'actions détaillé et efficace afin de pouvoir créer un plan de maintenance préventive pour chaque équipement critique.

Et comme perspectives nous proposons :

o Le suivre de la performance du service maintenance à l'aide du tableau de bord qu'on a réalisé afin de corriger toute dérive qui sorte des objectifs tracés.
o la réalisation d'une revue de conception du service maintenance après au moins deux ans de travail avec notre démarche.
o Le refaire de l'audit de maintenance qu'on a utilisé annuellement par le responsable qualité pour mesurer la performance du service et de l'améliorer en continu.
o La création ou l'achat d'une application GMAO pour gérer la maintenance planifié après deux ans de travail avec notre démarche.
o Que le responsable du service maintenance élabore les plans de maintenance préventive pour les équipements critiques des autres ateliers suivant notre démarche d'étude.
o Une mise à jour en permanence des gammes de maintenance préventive.
o L'installation d'un progiciel de gestion intégré ERP qui vise la connaissance des états du stock des pièces de rechanges par le service maintenance en temps réel.
o Application des 5S pour l'aménagement du magasin de maintenance.

REFERENCES BIBLIOGRAPHIQUES

o [1] : G.LALOUX 'Management de la maintenance selon l'ISO 9001 2008' AFNOR Éditions 2009 ;

o [2] : J.HENG ' Pratique de la maintenance préventive 'Dunod 2002 ;

o [3] : M.ST-MARSEILLE, JB.LAPOINTE ' La gestion des équipements vers l'entretien préventif' Imprimerie Quebecor Lebonfon 1997 ;

o [4] AFNOR INTERNATIONAL MAROC 'Norme internationale IS0 9001', AFNOR Éditions 2008 ;

o [5] : M.RIDOUX 'AMDEC-Moyen', Technique d'ingénieur 2008 ;

o [6] : B.MECHIN 'Documentation de la fonction maintenance' Technique d'ingénieur 2008 ;

o [7] : H.IRHIRANE ' Cours de la gestion de maintenance industrielle' ENSA Marrakech 2011 ;

o [8] : O.SENECHAL ' Cours de maintenance générale' ;

o [9] : JM.GALLAIRE 'Les outils de la performance industrielle' Groupe Eyrolles, 2008 ;

o [10] : F.CASTELLAZZI, D.COGNIEL, Y.GANGLOFF ' Mémotech maintenance industrielle ' Edition CASTELLA ;

o [11] : K. EL AARAJ, Y.ERRAJI ' Analyse et amélioration de la gestion de la maintenance préventive au sein de la société Sews Cabind Maroc' 2006 ;

o [12] : B.GAZIER 'Les stratégies des ressources humaines' La découverte 2004 ;

o [13] : J-P.VERNIER 'Fonction maintenance', Techniques de l'Ingénieur 2008 ;

ANNEXE 1

Les résultats de l'audit de maintenance sont comme suivant :

Gestion des équipements					
Affirmations concernant la gestion des équipements	Vraie	Plutôt Vraie	Plutôt fausse	Fausse	Sans objet
On a un inventaire par emplacement, ligne... des équipements			X		
Cet inventaire est tenu à jour (modifications, suppressions, ajouts...)				X	
Il existe une codification qui découpe les équipements jusqu'à la pièce de rechange			X		
Pour chaque équipement, on connaît les conditions de bon fonctionnement				X	
Pour chaque équipement, on connaît les conditions d'intervention				X	
Pour chaque équipement, on connaît les pièces de rechange nécessaires			X		
Pour chaque équipement, on connaît les outillages nécessaires			X		
Pour chaque équipement, on possède l'historique des travaux				X	
Les codes (équipements / sous-ensembles / pièces) sont facilement visibles				X	
Pour chaque équipement, on possède les plans et schémas à jour			X		
Il est possible de retrouver rapidement les interventions réalisées sur un équipement				X	
Pour chaque équipement, on connaît le degré d'urgence de réparation				X	
Les historiques sont analysés au moins une fois par an				X	
Chaque équipement possède un numéro d'identification unique		X			
Chaque équipement possède un dossier technique				X	

Tableau 42 : Résultat de l'audit maintenance avant amélioration - Gestion des équipements -.

Maintenance de 1ér niveau					
Affirmations concernant la Maintenance de 1ér niveau	Vraie	Plutôt Vraie	Plutôt fausse	Fausse	Sans objet
On utilise des fiches formalisant les opérations de premier pour chaque équipement important				X	
Il existe un moyen connu de déclenchement des opérations				X	
On utilise des fiches de suivi des interventions de premier niveau				X	
On a un moyen de saisie ou d'enregistrement des anomalies détectées lors d'une intervention				X	
Les interventions de premier niveau sont planifiées				X	
Le suivi des opérations de premier niveau est régulièrement mis à jour				X	
Il existe un historique tenant compte de l'activité des machines et des appoints en lubrifiants				X	
Il existe une nomenclature et un suivi des produits de maintenance de 1° niveau				X	

Tableau 43 : Résultat de l'audit maintenance avant amélioration - Maintenance de 1ér niveau.

Gestion des stocks et des pièces de rechange					
Affirmations concernant la Gestion des stocks et des pièces de rechange	Vraie	Plutôt Vraie	Plutôt fausse	Fausse	Sans objet
On utilise une procédure formalisée pour les Demandes d'Achat (DA)	X				
Les articles stockés sont codifiés					X
Il existe des fiches techniques pour chaque pièce et rechange spécifique				X	
Les pièces obsolètes sont éliminées si besoin					X
Le niveau du stock et sa valeur sont connus par le service maintenance				X	
Les pièces sont correctement rangées, identifiées et localisées dans un magasin	X				
Pour chaque pièce stockée, on connaît le(s) fournisseur(s)	X				
Pour chaque pièce, on connaît le délai d'approvisionnement		X			
Les pièces interchangeables (standards) sont connues et identifiées			X		
La maintenance possède son magasin				X	
Les pièces rapidement livrables sont disponibles chez nos fournisseurs	X				
Il existe une gestion formalisée des entrées / sorties magasin	X				
Le seuil de sécurité, ou de réapprovisionnement du stock est défini (pour pièces critiques)				X	
Les consommations sont analysées				X	

Tableau 44 : Résultat de l'audit maintenance avant amélioration - Gestion des stocks et des pièces de rechange.

Gestion des travaux					
Affirmations concernant la Gestion des travaux	Vraie	Plutôt Vraie	Plutôt fausse	Fausse	Sans objet
On sait hiérarchiser les appels à la maintenance en fonction de l'importance de l'équipement				X	
Il existe un moyen connu de déclenchement des interventions de type DI / OT / BT				X	
Les DI sont suivies (enregistrement, choix, ventilation, planification)				X	
Un compte-rendu est établi après chaque intervention (RI)				X	
Une structure travaux neufs est en place					X
Il existe une gestion des différents travaux correctifs, préventifs...				X	
Il existe une structure d'appel et de suivi des travaux sous-traités ou co-traités					X
Les contraintes de la production sont prises en compte dans la gestion des travaux				X	
Il existe des gammes opératoires pour les travaux complexes				X	
Les consignes de sécurité à respecter sont données sur les BT ou documents spécifiques				X	
Il existe un moyen connu de gestion des priorités pour le déclenchement des DI				X	
Les OT / BT / RI sont classés et archivés suivant chaque équipement				X	

Tableau 45 : Résultat de l'audit maintenance avant amélioration - Gestion des travaux.

Analyse F.M.D.S					
Affirmations concernant l'Analyse F.M.D.S	Vraie	Plutôt Vraie	Plutôt fausse	Fausse	Sans objet
Il existe une structure et un formalisme pour enregistrer les informations				X	
Chaque intervention est classée et archivée				X	
Chaque intervention est analysée (coûts, temps, ...)				X	
Les analyses sont compilées afin de réaliser des indicateurs et/ou un tableau de bord				X	
Pour les équipements principaux, on connait un indicateur de bon fonctionnement				X	
Pour les équipements principaux, on connait un indicateur de temps d'intervention				X	
Pour les équipements principaux, on connait un indicateur de disponibilité				X	
Pour les équipements principaux, on connait les conditions d'intervention			X		
On dispose de matériel pour faire de la maintenance conditionnelle (ou prévisionnelle)				X	
Les performances sont suivies (par équipement, par machine, par ...)				X	
On possède l'historique des travaux pour chaque équipement				X	
Les historiques sont analysés au moins une fois par an				X	
L'efficacité de la fonction maintenance est contrôlée				X	

Tableau 46 : Résultat de l'audit maintenance avant amélioration – Analyse FMDS.

Analyse des couts					
Affirmations concernant l'Analyse des couts	Vraie	Plutôt Vraie	Plutôt fausse	Fausse	Sans objet
La maintenance gère son budget				X	
On peut connaître rapidement la situation budgétaire de la maintenance				X	
Le budget est ventilé par type de maintenance				X	
La comptabilité du service suit l'évolution des coûts budgétisés, engagés, réalisés				X	
La ventilation des coûts se fait par nature (biens, lignes...), par type d'intervention, par destination				X	
Le service maintenance est autonome pour les achats en-dessous d'un coût plafond				X	
Il existe une gestion des interventions externes (sous-traitance, co-traitance...)					X
La valeur du stock des pièces de rechange est parfaitement connue			X		
Pour les équipements principaux, on connaît les coûts de maintenance				X	
Les résultats de l'activité maintenance, en terme de coûts, sont affichés et visibles par tous				X	

Tableau 47 : Résultat de l'audit maintenance avant amélioration - Analyse des couts.

Base de données					
Affirmations concernant la Base de données	Vraie	Plutôt Vraie	Plutôt fausse	Fausse	Sans objet
On enregistre l'avancement des travaux pour les interventions longues et importantes				X	
Il existe une base de données fournisseurs (coûts, qualité, délais...)					X
Il existe une méthode d'archivage adaptée et suffisante				X	
Un tableau de bord est édité régulièrement				X	
On dispose d'outils informatiques pour gérer l'activité				X	
On peut consulter l'historique des travaux pour chaque équipement				X	
Un dossier technique est archivé et tenu à jour pour les équipements principaux			X		
Pour chaque équipement, on possède les plans et schémas à jour				X	
Les catalogues fournisseurs et les documentations techniques sont facilement accessibles			X		

Tableau 48 : Résultat de l'audit maintenance avant amélioration - Base de données.

144

Planification-Prévention					
Affirmations concernant la planification	Vraie	Plutôt Vraie	Plutôt fausse	Fausse	Sans objet
La planification est réalisée suivant la disponibilité des équipements, du Plan de Production				X	
La planification est réalisée suivant la disponibilité des ressources humaines				X	
La planification est réalisée suivant la disponibilité des outillages et pièces				X	
On sait affecter les ressources en fonction des besoins (temps, procédures, outillages...)				X	
Les interventions préventives sont planifiées				X	
La charge de travail à effectuer est maîtrisée				X	
On émet régulièrement un rapport d'activité de la charge (planifié, en-cours, réalisé)				X	
Le suivi et l'adaptation des actions préventives est assuré par une personne du service					X
Il existe un planning hebdomadaire de lancement des travaux (neufs, correctifs, d'amélioration,...)				X	
Les interventions externes (co-traitance) sont gérées, préparées...				X	
On visualise facilement l'état d'avancement des travaux				X	
Il existe un moyen de choisir le(s) intervenant(s) le(s) plus adapté(s) à l'intervention				X	

Tableau 49 : Résultat de l'audit maintenance avant amélioration - Planification-Prévention.

ANNEXE 2

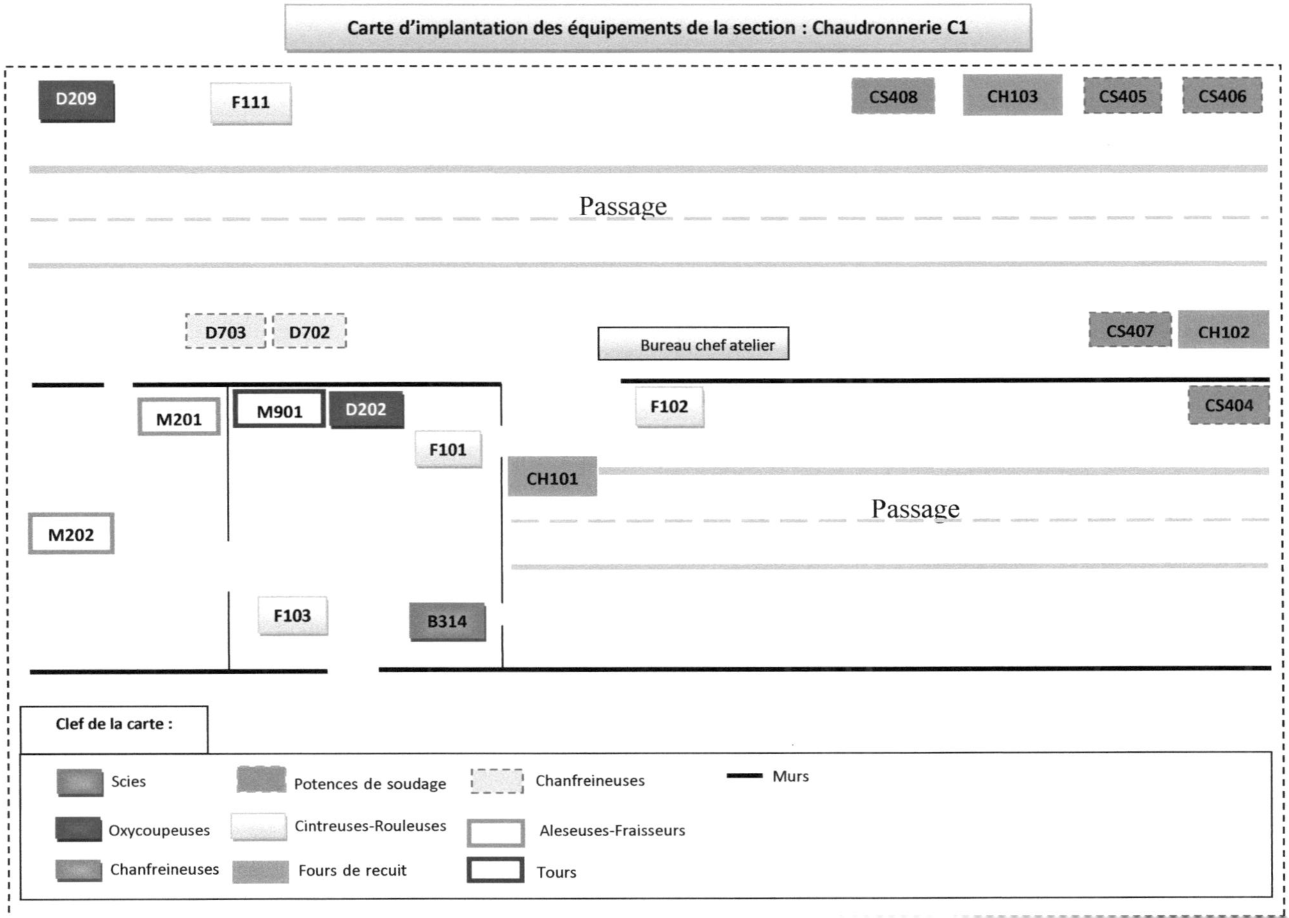

Carte d'implantation des équipements de la section : Chaudronnerie C1

D209

F111

CS408 CH103 CS405 CS406

Passage

M202

M201

D703 D702

M901 D202

F103

F101

B314

CH101

F102

Bureau chef atelier

CS407 CH102

CS404

Passage

Clef de la carte :

Scies	Potences de soudage	Chanfreineuses	Murs
Oxycoupeuses	Cintreuses-Rouleuses	Aleseuses-Fraisseurs	
Chanfreineuses	Fours de recuit	Tours	

Carte d'implantation des équipements de la section : Débitage-Usinage D1-U1

Magasin maintenance — Bureau Maintenance

G204 — Bureau chef Méca

Toilette

Passage

Zone pièces finis

Bureau CN

Clef de la carte :

Planeuses	Chanfreineuses	Aspirateurs
Scies	Cisailles	Cintreuses-Rouleuses
Oxycoupeuses	Tronçonneuses	Plieuses
Compresseurs	Poinçonneuses	Presses divers

Affûteuses meuleuses	Perceuses sensitive	Grignoteuse numérique
Cintreuses-tube	Mortaiseuses	
Aléseuses-Fraiseurs	Tours horizontales	
Perceuses radiale	Murs	

Bureau chef Débit

Machine labels:
D401, F401, F104, F108, F110, B308, F10, F203, F202, F201, N402, D208, G203, D110, D109, D203

D405, M204, M801, M402, M401, M902, M91, M911, M908, M91, M901, M203, M905, M914, M903, F321, M306, M701, F32, M305, M302, M304, M303, D501, F31, F30, F314, F316, D502, D705, D601, F319, F50, D111, F20, F109, B310, D402, B306, N103, D132, B132, D704, D404, B31, B303, B302, B301

M901, M903, M914, M905, M203, M306, M701, F32, M302, M305, M304, M303

Codification des sections

SECTION	CODE
DEBIT	D1
CHAUDRONNERIE	C1
TRAITEMENT DE SURFACE	P1
MECANIQUE	U1
BOUGIE	F1
ASSEMBLAGE WAGONS	F2
MENUISERIE ALUMINUM	F3
HALL GARNISSAGE	F4
MAINTENANCE ELECTRIQUE	E1
MAINTENANCE MECANIQUE	E2
BOUTEILLES A GAZ	B1

Tableau 50 : Codification des sections

Liste des familles de machines

Code	Désignation	Code	Désignation
A	Assemblage	B	Débitage Bois
A1	Mannequins-voitures	B1	Machines diverses
A2	Vireurs-positionneurs	B2	Toupies
A3	Mannequins chaudrons		
A4	Mannequins wagons	B4	Presses à plaquer
A5	Mannequins locos	B5	Ponceuses
A6	Mannequins bogies wagons	B6	Raboteuses
A7	Mannequins bogies voitures	B7	Défonceuses
A8	Mannequins bogies locos	B8	Dégauchisseuses

A9	Mannequins usinage		
A10	Mannequins débit formage	**D**	**Débitage**
C	**Constructions**	D1	Cisailles
C1	Bâtiments industriels	D2	Oxycoupeuses
C2	Bâtiments administratifs	**B3**	**Scies**
C3	Logements	D4	Tronçonneuses
E	**Epreuves-essais**	D5	Poinçonneuses
E1	Matériel pneumatique	D6	Grignoteuses CN
E2	Cabinet essais locos	D7	Chanfreineuses
E3	Cabinet essais voitures	D8	Grande zoe
E4	Mat.hydraul. chaudrons voitures	**F**	**Formage**
E5	Mat.hydraul .bout.3&6 Kg	F1	Cintreuses-rouleuses
E6	Mat.hydraul .bout.12 Kg	F2	Plieuses
E7	Mat.hydraul .bout.35Kg	F3	Presses diverses
E8	Tarage et pesée bogies	F4	Cintreuses-tubes
E9	Tarage et pesée bogies locos	F5	Planeuses
E10	Tarage et pesée L-V-W	F6	Emboutisseuses
G	**Installations-Communes**	**H**	**Fours**
G1	Réseau d'eau	H1	Four de recuit
G2	Compresseurs & réseaux	H2	Four à gaz recuit
G3	Postes transfo réseau électrique	H3	Four à gaz trempe

G4	Réseau CO2	**N**	**Machines Auxiliaires**
G5	Réseau O2	N1	Affuteuse meuleuse
G6	Réseau propane	N2	Banc préréglage outils
G7	Réseau informatique	N3	Soudeuse ruban-scie
G8	Réseau téléphonique	N4	Aspirateur
M	**Usinage**	N5	
M1	Portique de fraisage	N6	Potences-Manutention
M2	Aléseuse fraiseuse	**R**	**Outillages Portatifs**
M3	Perceuse radiale	R1	Outillages électriques
M4	Etau	R2	Outillages hydrauliques
M5	Fileteuse	R3	Tourets
M6	Tour vertical	R4	Mat et outillage
M7	Perceuse sensitive	R5	Outillages pneumatiques
M8	Mortaiseuse	R6	Meuleuses portatives
M9	Tour horizontal	R7	Ponceuses
M10	Centres d'usinage	R8	Outillages mécaniques
S	**Soudage**	R9	Matériel de rivetage
S1	Postes sous étincelage	**T**	**Manutention & Transport**
S2	Postes à électrodes	T1	Divers
S3	Postes semi automatiques	T2	Palonniers
S4	Soudeurs automatiques	T3	Véhicules automobiles

151

S5	Postes TIG	T4	Chariots élévateurs
S6	Postes oxyacétyléniques	T5	Locotracteurs
S7	Soudeur par points	T6	Chariots transbordeurs
P	**Installations-Essais**	T7	Ponts roulants
P1	Sablage-grenaillage	T8	Chariots non motorisés
P2	Etuves	T9	Colonnes de levage
P3	Peintures		
P4	Métalliques		

Tableau 51 : Liste des familles de machines

Liste des équipements des différentes sections de la SCIF

Liste des équipements de la section C1 :

Date de mise à jour :		18/02/2011
FAMILLE : A2 Vireurs-Positionneurs		
Code machine	**Désignation**	**Etat**
CA201	Vireur	O
CA202	Vireur	O
CA203	Vireur	O
CA204	Vireur	O
CA205	Vireur	O
CA206	Vireur	O
CA207	Vireur	O
FAMILLE : H1 Four de recuit		
Code machine	**Désignation**	**Etat**
CH101	Four de recuit	O
CH102	Four de recuit	O
CH103	Four de recuit	O
FAMILLE : M3 Perceuse radiale		
Code machine	**Désignation**	**Etat**
CM301	RADIAL GSP	A

FAMILLE : M10 Centre d'usinage		
Code machine	Désignation	Etat
CM1001	Centre d'usinage FOREST LINE	A
FAMILLE : S3 Postes semi automatiques		
Code machine	Désignation	Etat
CS360	Poste de soudage(CEA)	O
CS341	Poste de soudage(EWM)	A
CS342	Poste de soudage(EWM)	O
CS343	Poste de soudage(EWM)	O
CS353	Poste de soudage(EWM)	O
CS354	Poste de soudage(EWM)	O
CS345	Poste de soudage(ESAB)	O
CS346	Poste de soudage(ESAB)	O
CS347	Poste de soudage(ESAB)	O
CS348	Poste de soudage(ESAB)	O
CS349	Poste de soudage(ESAB)	O
CS350	Poste de soudage(ESAB)	O
CS351	Poste de soudage(ESAB)	O
CS306	Poste de soudage(BERNARD)	O
CS307	Poste de soudage(BERNARD)	O
CS308	Poste de soudage(BERNARD)	O
CS310	Poste de soudage(BERNARD)	O
CS311	Poste de soudage(BERNARD)	O
CS312	Poste de soudage(BERNARD)	O
CS316	Poste de soudage(BERNARD)	O
CS317	Poste de soudage(BERNARD)	O
FAMILLE : S4 Soudeurs Automatiques		
Code machine	Désignation	Etat
CS404	Potence de soudage	O
CS405	Potence de soudage	A
CS406	Potence de soudage	A
CS407	Potence de soudage	O
CS408	Potence de soudage	O
FAMILLE : S7 SOUDURE PAR POINTS		
Code machine	Désignation	Etat
CS702	SOUDURE PAR POINTS	A
FAMILLE : T7 Ponts Roulants		
Code machine	Désignation	Etat
T 701	Pont Roulant (05T)	OMD
T 702	Pont Roulant (05T)	A
T 703	Pont Roulant (16T)	O

T 704	Pont Roulant (16T)	O
T 705	Pont Roulant (25T)	O
T 706	Pont Roulant (01T)	O
T 707	Pont Roulant (6,3T)	O
T 708	Pont Roulant (6,3T)	O
T 709	Pont Roulant (05T)	O
T 710	Pont Roulant (25T)	O
T 711	Pont Roulant (64T)	O
L'indicateur des machines		
Nombre totale des machines de l'atelier		50
Nombre de machine opérationnelle		42
Nombre de machine en arrêt		7
Nombre de machine opérationnelle en mode défaillant		1

Tableau 52 : Liste des équipements de la section C1

Listes des équipements de la section D1-U1 :

Date de mise à jour :		30/03/2011
FAMILLE : B1 MACHINES DIVERS		
Code machine	Désignation	Etat
B101	MORTAISSEUSE	O
B102	SOUDEUSE SCIE	O
FAMILLE : B2 Toupies		
Code machine	Désignation	Etat
B201	TOUPIE	O
FAMILLE : B3 Scies		
Code machine	Désignation	Etat
B301	SCIE	A
B302	SCIE	O
B303	SCIE	A
B304	CIRCULAIRE	OMD
B305	SCIE	O
B306	SCIE Hydraulique	OMD
B308	SCIE	O
B309	SCIE	A
B310	SCIE WAGNER	O
B311	SCIE	O
B312	SCIE	A

B313	SCIE	O
B314	SCIE THOMAS	OMD

FAMILLE : B6 RABOTEUSES

Code machine	Désignation	Etat
B601	RABOTEUSE	O
B602	RABOTEUSE	A

FAMILLE : B8 DEGAUCHISSEUSES

Code machine	Désignation	Etat
B801	DEGAUCHISSEUSE	OMD
B802	DEGAUCHISSEUSE	OMD

FAMILLE : D1 Cisailles

Code machine	Désignation	Etat
D109	CISAILLE	O
D110	CISAILLE	A
D111	CISAILLE	O
D112	CISAILLE	O

FAMILLE : D2 Oxycoupeuses

Code machine	Désignation	Etat
D202	OXYCOUPEUSE	O
D203	OXYCOUPEUSE	O
D205	OXYCOUPEUSE	OMD
D206	OXYCOUPEUSE	A
D208	OXYCOUPEUSE NUMERIQUE	O
D209	OXYCOUPEUSE NUMERIQUE	O

FAMILLE : D4 TRANCONNEUSE

Code machine	Désignation	Etat
D401	TRANCONNEUSE	OMD
D402	TRANCONNEUSE	OMD
D403	TRANCONNEUSE	O
D404	TRANCONNEUSE	O
D405	TRANCONNEUSE	O

FAMILLE : D5 POINCONNEUSE

Code machine	Désignation	Etat
D501	POINCONNEUSE	O
D502	POINCONNEUSE	O

FAMILLE : D6 GRIGNOTEUSE NUMERIQUE

Code machine	Désignation	Etat
D601	GRIGNOTEUSE NUMERIQUE	A

FAMILLE : D7 CHANFREINEUSES

Code machine	Désignation	Etat
D702	CHANFREINEUSE SMT PULLMAX	O

D703	CHANFREINEUSE SMT PULLMAX	O
D704	CHANFREINEUSE	O
D705	CHANFREINEUSE MANUEL	O

FAMILLE : F1 Cintreuses-Rouleuses

Code machine	Désignation	Etat
F101	ROULEUSE SERTOM	O
F102	ROULEUSE	O
F103	CINTREUSE	O
F104	ROULEUSE	O
F107	ROULEUSE	A
F108	ROULEUSE	O
F109	CINTREUSE	O
F110	ROULEUSE BORDEAUX	A
F111	ROULEUSE Numérique "DAVI"	O

FAMILLE : F2 PLIEUSES

Code machine	Désignation	Etat
F201	PLIEUSE	A
F202	PLIEUSE	OMD
F203	PLIEUSE	O
F204	PLIEUSE	OMD

FAMILLE : F3 PRESSES DIVERS

Code machine	Désignation	Etat
F321	PRESSE	O
F309	PRESSE	O
F314	PRESSE	O
F315	PRESSE	O
F316	PRESSE	OMD
F317	PRESSE	A
F320	PRESSE	O
F318	PRESSE	A
F319	PRESSE	O
F323	PRESSE POINCONNEUSE	O

FAMILLE : F4 CINTREUSES-TUBES

Code machine	Désignation	Etat
F401	CINTREUSE-TUBE	O

FAMILLE : F5 PLANEUSES

Code machine	Désignation	Etat
F501	PLANEUSE	O

FAMILLE : G2 COMPRESEURS & RESEAUX

Code Equipement	Désignation	Etat
G203	COMPORESSEUR	A

G204	COMPORESSEUR	O
G211	COMPORESSEUR	O
FAMILLE : M2 ALESEUSES-FRAISEUSES		
Code machine	Désignation	Etat
M201	Fraiseuse	A
M202	Fraiseuse	O
M203	ALESEUSE - FRAISEUSE	A
M204	ALESEUSE - FRAISEUSE	O
M205	ALESEUSE - FRAISEUSE	O
M206	ALESEUSE - FRAISEUSE	A
FAMILLE : M3 PERCEUSES RADIALES		
Code machine	Désignation	Etat
M302	PERCEUSE RADIALE	O
M303	PERCEUSE RADIALE	O
M304	PERCEUSE RADIALE	O
M305	PERCEUSE RADIALE	O
M306	PERCEUSE RADIALE	OMD
FAMILLE : M4 ETAULIMEURS		
Code machine	Désignation	Etat
M401	ETAULIMEUR	O
M402	ETAULIMEUR	O
FAMILLE : M5 FILTEUSES		
Code machine	Désignation	Etat
M501	FILTEUSE	A
FAMILLE : M7 PERCEUSE SENSITIVE		
Code machine	Désignation	Etat
M701	PERCEUSE SENSITIVE	O
M702	PERCEUSE SENSITIVE	O
M705	PERCEUSE SENSITIVE	O
FAMILLE : M8 MORTAISEUSES		
Code machine	Désignation	Etat
M801	MORTAISSEUSE	O
FAMILLE : M9 TOURS HORIZONTAL		
Code machine	Désignation	Etat
M901	Tour Horizontal	O
M902	Tour Horizontal	O
M903	Tour Horizontal	OMD
M905	Tour Horizontal	O
M908	Tour Horizontal	A
M911	Tour Horizontal	O
M913	Tour Horizontal	O

M914	Tour Horizontal	O
M915	Tour Horizontal	A

FAMILLE : N1 AFFUTEUSES MEULEUSES

Code machine	Désignation	Etat
N103	AFFUTEUSE MEULEUSE	O
N105	AFFUTEUSE MEULEUSE	A
N106	AFFUTEUSE MEULEUSE	A

FAMILLE : N4 Aspirateur

Code machine	Désignation	Etat
N402	ASPIRATEUR	O

FAMILLE : N6 POTENCES-MANUTENTION

Code machine	Désignation	Etat
N602	POTENCE-MANUTENTION	O
N603	POTENCE-MANUTENTION	A
N604	POTENCE-MANUTENTION	A
N605	POTENCE-MANUTENTION	A
N606	POTENCE-MANUTENTION	O

FAMILLE : T1 Divers

Code machine	Désignation	Etat
T101	Venteuse	O
T102	Venteuse	A
T103	Venteuse	A

FAMILLE : T7 Ponts Roulants

Code machine	Désignation	Etat
T718	PONT ROULANT	O
T720	PONT ROULANT	O
T721	PONT ROULANT	O
T725	PONT ROULANT(6t)	O
T726	PONT ROULANT(5t)	O
T727	PONT ROULANT(5t)	O
T728	PONT ROULANT(5t)	O
T729	PONT ROULANT(10t)	A

L'indicateur des machines	
Nombre totale des machines de l'atelier	111
Nombre de machine opérationnelle	64
Nombre de machine en arrêt	33
Nombre de machine opérationnelle en mode défaillant	14

Tableau 53 : Liste des équipements de la section D1-U1

158

Listes des équipements de la section F1 :

Date de mise à jour :		25/02/2011
FAMILLE : B1 MACHINES DIVERS		
Code machine	Désignation	Etat
B103	ASPIRATEUR	O
FAMILLE : D1 Cisailles		
Code machine	Désignation	Etat
D113	CISAILLE GUILLOTIME	O
FAMILLE : D2 Oxycoupeuses		
Code machine	Désignation	Etat
D207	OXYCOUPEUSE MESSER	O
FAMILLE : E9		
Code machine	Désignation	Etat
E801	Presse Essaie Statique	O
FAMILLE : F2 PLIEUSES		
Code machine	Désignation	Etat
F205	PRESSE PLIEUSE	O
FAMILLE : F3 PRESSES DIVERS		
Code machine	Désignation	Etat
F323	PRESSE DES BAGUES : SAJ	O
F324	PRESSE D'EMBOUTISSAGE (Sans outillage)	O
FAMILLE : M2 ALESEUSES-FRAISEUSES		
Code machine	Désignation	Etat
M207	MECAVIA	OMD
FAMILLE : M3 PERCEUSES RADIALES		
Code machine	Désignation	Etat
M307	PERCEUSE RADIALE	OMD
M308	PERCEUSE RADIALE	OMD
FAMILLE : M7 PERCEUSE SENSITIVE		
Code machine	Désignation	Etat
M706	PERCEUSE A COLOMNE VERTICALE	O
FAMILLE : M9 TOURS HORIZONTAL		
Code machine	Désignation	Etat
M904	Tour Horizontal	O
M907	Tour Horizontal	OMD
FAMILLE : P1 Sablage-Grenaillage		
Code machine	Désignation	Etat
P104	Grenailleuse	OMD
FAMILLE : S4 SOUDEURS AUTOMATIQUES		
Code machine	Désignation	Etat
S422	MACHINE DE SOUDAGE	O

159

S423	MACHINE DE SOUDAGE	O
FAMILLE : T7 Ponts Roulants		
Code machine	Désignation	Etat
T7	PONT ROULANT (5t)	O
T738	PORTIQUE	O

L'indicateur des machines	
Nombre totale des machines de l'atelier	18
Nombre de machine opérationnelle	12
Nombre de machine en arrêt	0
Nombre de machine opérationnelle en mode défaillant	6

Tableau 54 : Liste des équipements de la section F1

Listes des équipements de la section F2 :

Date de mise à jour :		25/02/2011
FAMILLE : A2 VIREURS POSITIONNEURS		
Code machine	Désignation	Etat
A210	VIREUR POSITIONNEUR	O
A215	VIREUR POSITIONNEUR	O
A216	VIREUR POSITIONNEUR	O
FAMILLE : S4 SOUDEURS AUTOMATIQUES		
Code machine	Désignation	Etat
S403	MACHINE DE SOUDAGE	O
S421	MACHINE DE SOUDAGE	O
FAMILLE : T7 Ponts Roulants		
Code machine	Désignation	Etat
T730	PONT ROULANT (5t)	O
T731	PONT ROULANT (15t)	O
T732	PONT ROULANT (15t)	O
T733	PONT ROULANT (6t)	O
T734	PONT ROULANT (6t)	O
T735	PONT ROULANT (6t)	O

L'indicateur des machines	
Nombre totale des machines de l'atelier	11
Nombre de machine opérationnelle	11
Nombre de machine en arrêt	0
Nombre de machine opérationnelle en mode défaillant	0

Tableau 55 : Liste des équipements de la section F2

160

Listes des équipements de la section B1 :

Date de mise à jour :		10/05/2011
FAMILLE : D1 Cisailles		
Code machine	Désignation	Etat
D101	Cisaille	O
D102	Cisaille	O
D103	Cisaille	O
D104	Cisaille	O
D105	Cisaille	O
D106	Cisaille	O
FAMILLE : E1 Matériel pneumatique		
Code machine	Désignation	Etat
E101	Rampe d'épreuve 12 KG	O
FAMILLE : F3 Presses diverses		
Code machine	Désignation	Etat
F301	Presse	O
F302	Presse	O
F303	Presse	O
F304	Presse	O
F305	Presse	O
F306	Presse	O
F307	Presse	O
F308	Presse	O
F309	Presse	O
F310	Presse	A
F311	Presse	A
FAMILLE : F6 Emboutisseuses		
Code machine	Désignation	Etat
F601	Emboutisseuse	O
F602	Emboutisseuse	O
F603	Emboutisseuse	O
FAMILLE : G2 Compresseurs & réseaux		
Code machine	Désignation	Etat
G206	Compresseur	A
FAMILLE : G3 Postes transfo réseau elect		
Code machine	Désignation	Etat
G301	Poste électrique	O
FAMILLE : H2 Fours à gaz recuit		
Code machine	Désignation	Etat
H202	Four à gaz recuit	O
FAMILLE : P1 Sablage-grenaillage		

161

Code machine	Désignation	Etat
P101	Grenailleuse	O
P102	Grenailleuse COGEIM	O
FAMILLE : P2 Etuves		
Code machine	Désignation	Etat
P201	Etuve	O
FAMILLE : P3 Peintures		
Code machine	Désignation	Etat
P301	Peinture	O
FAMILLE : P4 Métalliques		
Code machine	Désignation	Etat
P401	Métallique	O
FAMILLE : R1 Outillages électriques		
Code machine	Désignation	Etat
R101	Outillage électrique	O
FAMILLE : R5 Outillages pneumatiques		
Code machine	Désignation	Etat
R501	Outillage pneumatique	O
FAMILLE : S1 Poste sous étincelage		
Code machine	Désignation	Etat
S101	Poste sous étincelage	O
S102	Poste sous étincelage	O
FAMILLE : S2 Postes à électrodes		
Code machine	Désignation	Etat
S210	Poste sous étincelage	O
FAMILLE : S3 Postes semi automatiques		
Code machine	Désignation	Etat
S323	Poste de soudage ESAB	O
S324	Poste de soudage ESAB	O
S325	Poste de soudage BERNARD	O
S325	Poste de soudage EWM	O
FAMILLE : S4 Soudeurs Automatiques		
Code machine	Désignation	Etat
S406	Poste de soudage	O
S407	Poste de soudage	O
S408	Poste de soudage	O
S409	Poste de soudage	O
S410	Poste de soudage	O
S411	Poste de soudage	O
S412	Poste de soudage	O
S413	Poste de soudage	O
S414	Poste de soudage	O
S415	Poste de soudage	O

S416	Poste de soudage	O
S417	Poste de soudage	O
S418	Poste de soudage	O
L'indicateur des machines		
Nombre totale des machines de l'atelier		49
Nombre de machine opérationnelle		46
Nombre de machine en arrêt		3
Nombre de machine opérationnelle en mode défaillant		0

Tableau 56 : Liste des équipements de la section B1

ANNEXE 3

FICHE DE POSTE

IDENTIFICATION DU POSTE	
Intitulé du poste	RESPONSABLE GESTION DES TRAVAUX ET DOCUMENTATION (**GTD**)
Nature du poste	Technique
PRESENTATION DU SERVICE MAINTENANCE	
Mission principale du service	Assurer un taux d'utilisation des équipements et éventuellement réaliser les objectifs en termes de coût, de qualité et de sécurité.
Composition du service (effectif)	14
Positionnement de l'agent dans l'organigramme du service	Le responsable **GTD** est rattaché directement au responsable service maintenance
MISSIONS ET ACTIVITES DU POSTE	
Mission principale, raison d'être ou finalité du poste	La gestion et le dispatching des travaux de maintenance et la réalisation d'un historique des interventions.
Missions et activités du poste	o Répartir les interventions (Correctives/Préventives) sur les agents de maintenance. o Réaliser un inventaire des pièces de rechange pour la maintenance préventive. o Créer et mettre à jour les dossiers machines. o Contrôler, dès réception, les éléments de documentation émanant des fournisseurs. o Rédiger les modes opératoires de maintenance. o Suivre l'exécution des opérations de la maintenance de premier niveau.
Contraintes, difficultés du poste	o Respect du plan de production. o Indisponibilité des PdR. o Absence imprévu des agents.
COMPETENCES REQUISES SUR LE POSTE	
Profil du poste	o <u>Pré requis – formation initiale exigée et expérience professionnelle</u> ▪ DUT en électromécanique ou maintenance industrielle. ▪ Expérience de 2 ans au minimum dans la maintenance des installations industrielle. o <u>Compétences techniques</u> ▪ Connaissances techniques en maintenance des équipements industrielles (pont roulant, oxycoupeuse, cisaille, plieuse,...). ▪ Maîtrise de l'outil informatique (Word, Excel,...). o <u>Compétences individuelles</u> ▪ Calme. ▪ Ouverture d'esprit. ▪ Rigueur. ▪ Esprit d'analyse. ▪ Faculté à s'auto-former.

الشركة الشريفة للعتاد الصناعي وللسكك الحديدية

Société Chérifienne de matériel Industriel et Ferroviaire

SERVICE MAINTENANCE : FICHE ETAT DE L'EQUIPEMENT

SECTION	:
DESIGNATION MACHINE	:
FAMILLE DE MACHINE	:
CODE MACHINE	:
ETAT ACTUEL	: Opérationnelle

ANOMALIES :

الشركة الشريفة للعتاد الصناعي وللسكك الحديدية
Société Chérifienne de matériel Industriel et Ferroviaire

SERVICE MAINTENANCE : FICHE ETAT DE L'EQUIPEMENT

SECTION	:
DESIGNATION MACHINE	:
FAMILLE DE MACHINE	:
CODE MACHINE	:
ETAT ACTUEL	: **Opérationnelle en mode défaillant**

ANOMALIES :

167

الشركـة الشـريفة للعتـاد الصنـاعي وللسـكـك الحديـدية
Société Chérifienne de matériel Industriel et Ferroviaire

SERVICE MAINTENANCE : FICHE ETAT DE L'EQUIPEMENT

SECTION	:
DESIGNATION MACHINE	:
FAMILLE DE MACHINE	:
CODE MACHINE	:
ETAT ACTUEL	: **En arrêt**

ANOMALIES :

 الشركة الشريفة للعتاد الصناعي وللسكك الحديدية

Société Chérifienne de matériel Industriel et Ferroviaire

Demande d'intervention	**N° :**

Section :	....	Désig.équipement :	....
Code :	....	Domaine d'intervention :	☐ Mécanique ☐ Pneumatique ☐ Electrique ☐ Hydraulique ☐ Autres : ....

Date de la demande :	..... / ..... /		☐ Non Urgent
Heure de la demande :	..... h ..... min	Priorité :	☐ Urgent
Date souhaitée :	..... / ..... /		☐ Très Urgent

Description du problème :

....

....

....

Suggestion de réparation:

....

....

....

Nom et signature demandeur :	Visa responsable GTD :

الشركة الشريفة للعتاد الصناعي وللسكك الحديدية

Société Chérifienne de matériel Industriel et Ferroviaire

Bon de travail	N°:

Section :	....	Désig.équipement :	....
Code	....	Matricule Intervenants :	....

Date et heure de début d'intervention :	..... / ..... / .... à ..... h ..... min	Durée prévue d'intervention :	..... j /..... h / ..... min

Travaux à réalisés :

....

....

....

Liste des outillages de travail :	Liste des pièces de rechange :
....	....

Consignes de sécurité :

....

....

Signature Responsable GTD :   Le :   ..... / ..... / ....

Rapport d'intervention

N° :

Section :	....	Désig.équipement :	....

Code :	....	Nature de la panne:	☐ Mécanique ☐ Pneumatique ☐ Electrique ☐ Hydraulique ☐ Autres : ....

Impact sur la production :	☐ Arrêt, temps :	Début d'intervention :	..... / ..... / .... à ..... h ..... min
	☐ Ralentissement	Fin d'intervention :	..... / ..... / .... à ..... h ..... min
	☐ Aucun	Temps d'intervention :	..... j ..... h ..... min

Description du problème :

....

....

....

Description de la solution :

....

....

....

Liste des pièces de rechange

Désignation	Référence	Quantité	Prix unitaire	Total
			Total :	

Cout d'intervention

Matricules intervenants	Cout horaire	Cout total de main d'ouvre	Cout total pièces	Cout total d'intervention
Cout moyen / heure				

Signatures intervenants :	Visa émetteur :	Visa responsable GTD :

Fiche : Historique des réparations

Section : _____   Désignation équipement : _____   Code : _____

Date	Bon de travail	Description de l'intervention	Type*	Temps d'arrêt	Heures - Intervenants	Couts de main d'œuvre	Couts de pièces	Cout total	Cout cumulatif
… / … / ……									
… / … / ……									
… / … / ……									
… / … / ……									
… / … / ……									
… / … / ……									
… / … / ……									
… / … / ……									
… / … / ……									
… / … / ……									

(*)Type d'intervention : C = Corrective, P = Préventive

Société Chérifienne de matériel Industriel et Ferroviaire
الشركة الشريفة لمعدات الصناعة و السكك الحديدية

Fiche : Visite Préventive

Section :

Désignation Equipement :

N° Bon de travail :

Code :

Opérations	Moyens	Valeurs		Etat (1)	Intervention (2)	Observations Intervenants
		Référence	Mesure			

Date début :	Date de fin :	Temps passé :	Validé par :	Réalisé par :

(1) Etat constaté   1 : RAS   2 : Début de dégradation   3 : Dégradation avancée   4 : Intervention immédiate

(2) A cocher si l'intervention est nécessaire

الشركة الشريفة للعتاد الصناعي وللسكك الحديدية
Société Chérifienne de matériel Industriel et Ferroviaire

Rapport d'intervention « Sous-traitant »	N° :

Données sous -traitant

Société sous-traitante		Responsable d'intervention	
Raison sociale :		Nom et prénom :	
Adresse :		Fonction :	
Télé .fixe :		Télé. Mobile :	
E-mail :		E-mail :	

Données Intervention

Section :	....	Désig.équipement :	....
Code :	....	Nature de la panne :	☐ Mécanique ☐ Pneumatique
Type Maint :	☐ Corrective ☐ Préventive		☐ Electrique ☐ Hydraulique
			☐ Autres :........................

Impact sur la production :	☐ Arrêt, temps :	Début d'intervention :	..... /..... /.......... à ..... h ..... min
	☐ Ralentissement	Fin d'intervention :	..... /..... /.......... à ..... h ..... min
	☐ Aucun	Temps d'intervention :	..... j ..... h ..... min

Description du problème :
....
....
....
....
....

Description de la solution :
....
....
....
....
....

Liste des pièces de rechange

Désignation	Référence	Quantité	Prix unitaire	Total
			Total :	

Cout d'intervention

Cout total pièces	Cout total d'intervention

Signature Responsable d'intervention:	Visa Responsable Maintenance:

الشركة الشريفة للعتاد الصناعي والسككي

Société Chérifienne de matériel Industriel et Ferroviaire

Fiche : Rapport journalier

Nom et Prénom :	Matricule :	Equipe :	Date : ... / ... / ......

Opérations	Heure de Début	Heure de Fin	Durée
	... h ... min	... h ... min	... h ... min
	... h ... min	... h ... min	... h ... min
	... h ... min	... h ... min	... h ... min
	... h ... min	... h ... min	... h ... min
	... h ... min	... h ... min	... h ... min
	... h ... min	... h ... min	... h ... min

Signature de l'agent de maintenance :	Visa Chef Equipe :	Visa Responsable Maintenance :

Préparé par :
Abdeslem CHERQAOUI
Ali ALLAOUI

للشركة الشريفة للمعدات الصناعية والسككية

Société Chérifienne de matériel Industriel et Ferroviaire

FICHE : SUIVI MAINTENANCE PREMIER NIVEAU

Désignation Equipement : Potence de soudage			Code : CS407	
Section : Chaudronnerie (C1)		**Semaine du travail**		
Recueil des opérations	Lundi	Mardi	Mercredi	Jeudi	Vendredi
Avant démarrage :					
Vider le four du poudre froid et la remplacer par la poudre chaude					
Purger le réservoir d'aire jusqu'à avoir une pression nule					
Vérifier que la température du four est fixe : T = 250 °C					
Tester le fonctionnement du pupitre de commande et des différents voyants					
Pendant le fonctionnement :					
Controler la température du four					
Remplir le four par la poudre chaude lorsqu'il devient vide					
Changer la bobine du fil de soudage lorsqu'il se termine					
Régler la vitesse de sortie du fil de soudage					
Régler la vitesse de rotation du pièce à souder					
Régler l'ampérage et le voltage du poste soudage en fonction l'épaisseur de la pièce et le matériau à souder					
A l'arrêt					
Nettoyer la machine par l'air comprimé					
Nettoyer et Graisser la potence dans les points (G)					

Reçu le* : ..... / ..... / ....   Contrôler le** : ..... / ..... / ....

Nom et signature de l'opérateur :   Nom et signature du contrôleur:

N.B : Mettez une croix dans la case qui corresponde au jour dont lequel 1'opération est faite : * Début de la semaine   ** Fin de la semaine

ANNEXE 4

SCIF ★	الشركة الشريفة للعتاد الصناعي والسكك الحديدية Société Chérifienne de matériel Industriel et Ferroviaire **FICHE : TECHNIQUE EQUIPEMENT**	**Préparé par :** Abdeslem CHERQAOUI Ali ALLAOUI

I. Partie technique

Identification équipement :

Désign.Machine : …………………............   Fournisseur : …………………………......

Famille : …………………………………...   Date d'achat : …………………………………..

Code : ……………………………………..   N°Facture : ……………………………………..

Constructeur : ………………………………   Garantie : ………………………………............

Modèle : ………………………………………   ☐ Oui : Du ….. - ….. - …… Au …… - ….. - ……

☐ Expirée

Caractéristiques techniques :

Type source d'énergie :

		Consommation	Pression
☐ Mécanique	Air		
☐ Electrique	Eau		
☐ Pneumatique	Gaz		
☐ Hydraulique	Ventilation		
Mobilité :	Aspiration		
☐ Mobile ☐ Fixe	Huile		

Type de gaz utilisé : …………………………………………………….

Type d'huile utilisé : …………………………………………………….

	Volts	Phase	Amps	KW	KVA	HZ	Cos φ
Machine							
Moteur principale							
Moteur auxiliaire							

Liste des pièces de rechange critiques:

Pièce	Référence	Pièce	Référence

الشركة الشريفة للعتاد الصناعي وللسكك الحديدية
Société Chérifienne de matériel Industriel et Ferroviaire

FICHE : TECHNIQUE EQUIPEMENT

Préparé par :

Abdeslem CHERQAOUI
Ali ALLAOUI

II.   Utilisation machine

Photographie :

Consignes d'utilisations :	**Opérations de maintenance premier niveau :**

Sécurité :
MEPI : Moyens et équipements de protection individuelle requis pour travailler   Autres

☐   ☐   ☐   ☐   ☐   ☐   ☐   ☐   ☐   ☐   ☐   ☐   ☐

Notes : ....

179

الشركة الشريفة للعتاد الصناعي والسكك الحديدية

Société Chérifienne de matériel Industriel et Ferroviaire

FICHE : TECHNIQUE EQUIPEMENT

Préparé par :

Abdeslem CHERQAOUI
Ali ALLAOUI

I. Partie technique

Identification équipement :

Désign.Machine : Pont Roulant   Fournisseur : ....

Famille : T7 Ponts Roulants   Date d'achat : ....

Code : T718   N°Facture : ....

Constructeur : DEMAG   Garantie : ....

Modèle : ....   ☐ Oui : Du ..... - ..... - ...... Au ...... - ..... - ......

☐ Expirée

Caractéristiques techniques :

Type source d'énergie :

	Consommation	Pression
Air		
Eau		
Gaz		
Ventilation		
Aspiration		
Huile		

☐ Mécanique

☒ Electrique

☐ Pneumatique

☐ Hydraulique

Mobilité :

☐ Mobile   ☐ Fixe

Type de gaz utilisé : _____

Type d'huile utilisé : _____

	Volts	Phase	Amps	KW	KVA	HZ	Cos φ
Moteur X [2]	380	11				50	
Moteur Y	380					50	
Moteur Z	380					50	

Liste des pièces de rechange critiques:

Pièce	Référence	Pièce	Référence

الشركة الشريفة للعتاد الصناعي وللسكك الحديدية
Société Chérifienne de matériel Industriel et Ferroviaire
FICHE : TECHNIQUE EQUIPEMENT

Préparé par :
Abdeslem CHERQAOUI
Ali ALLAOUI

II. Utilisation machine

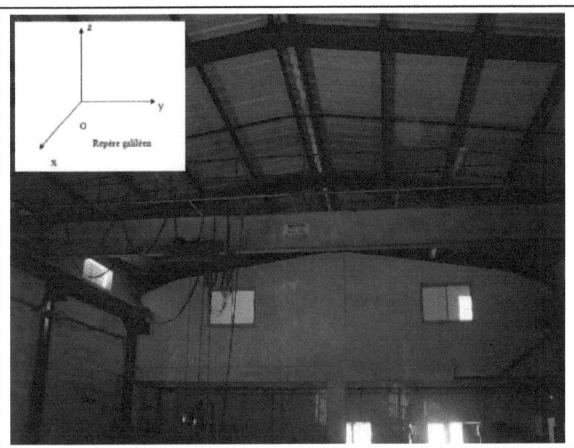

Consignes d'utilisations :
1 : Arrêt d'urgence.
2 : Bouton de remplacement [En cas de détérioration d'un autre bouton]
3 : Levage de charge (+ Z).
4 : Descente de charge (- Z).
5 : Déplacement de la charge dans le sens (+Y).
6 : Déplacement de la charge dans le sens (-Y).
7 : Déplacement de la charge dans le sens (-X).
8 : Déplacement de la charge dans le sens (+X).
NB : - Ne pas incliner la charge.
- Veuillez à ce que le câble ne touche aucun corps tranchant lors du déplacement de la charge.
- Ne pas dépasser la charge maximale.

Opérations de maintenance de premier niveau:

Il n ya pas de maintenance de premier niveau car l'équipement:
- a plusieurs utilisateurs.
- n'est pas un équipement de production.

Sécurité :
MEPI : Moyens et équipements de protection individuelle requis pour travailler

Autres

             _____

❏   ❏   ❏   ❏   ❏   ❏   ❏   ❏   ❏   ❏   ❏   ❏   ❏

Notes : ....

ANNEXE 5

Analyse fonconnelle de l'équiepement « CISAILLE »

L'énoncé du besoin : « la bête à cornes »:

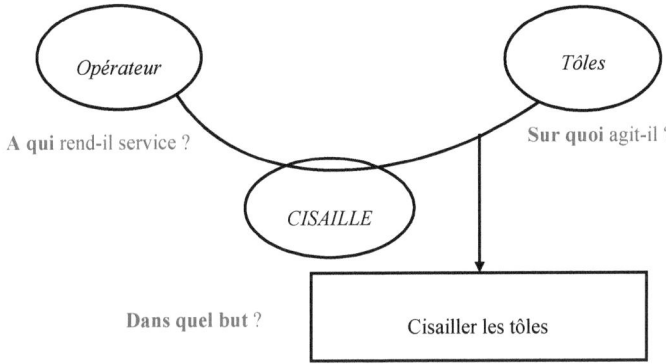

Figure 46 : Diagramme de bête à corne de la cisaille

Validation du besoin :

Pourquoi le besoin existe-t-il ?

- Les activités des autres ateliers sont basées sur les pièces de la cisaille.
- Le cout de la sous-traitance est trop cher.

Qu'est ce qui pourrait faire disparaître ou évoluer le besoin ?

- Il n'y a plus de demande par les autres ateliers (*NON*)
- Il n'y a pas de matières premières dans le marché (*NON*)
- Sous traiter les opérations de cisaillage (*NON : Frais de transport, Risque de perte de la part du marché*).

Conclusion :

Le besoin est primordiale dans l'activité de la société donc il est validé.

Approche externe : Diagramme PIEUVRE

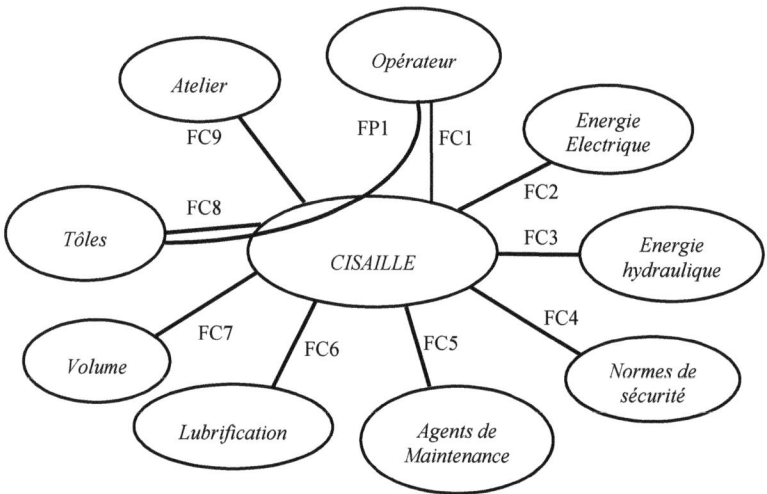

Figure 47 : Diagramme pieuvre de la cisaille

FP1 : Permettre à l'utilisateur de cisailler les tôles métalliques selon les mesures désirées.

FC1 : Etre facilement utilisable par l'opérateur.

FC2 : S'adapter à la tension secteur.

FC3 : Faire l'opération sans avoir besoin d'autres énergies

FC4 : Respecter les normes de sécurité.

FC5 : Réparer facilement et réduire les pannes.

FC6 : Lubrification manuelle en utilisant l'huile.

FC7 : Etre moins volumineux.

FC8 : Adapter aux plaques épaisses et de matériaux variés.

FC9 : Respecter l'environnement de l'atelier.

L'analyse fonctionnelle interne (FAST)

Fonction principale FP1	Fonctions composantes	Fonctions élémentaires	Solutions techniques
	Alimenter en énergie électrique	Alimenter en tension secteur	Câbles et Prises
	Transformer l'énergie électrique en énergie mécanique		Moteur
	Adapter l'énergie pneumatique		Régulateur de débit
	Transformer le mouvement rotatif en mouvement de translation		Vilebrequin
Cisailler les tôles métalliques	Accoupler et désaccoupler l'arbre moteur avec le vilebrequin		Embrayage
	Actionner l'embrayage		Pédales
	Stocker l'huile		Réservoir
	Alimenter le circuit hydraulique d'huile		Pompe
	Assurer la circulation d'huile sous pression		Tuyauterie et raccords
	Transformer l'énergie hydraulique en énergie mécanique		Vérins

Assurer le rappel des presseurs		Ressorts
Assurer l'étanchéité	Eliminer les fuites d'huile entre les chambres du vérin	Joints
Assurer le rappel des presseurs		Ressorts
Assurer le rappel des presseurs		Ressorts

Analyse fonconnelle de l'équiepement « Compresseur KAESER»

L'énoncé du besoin : "la bête à cornes" :

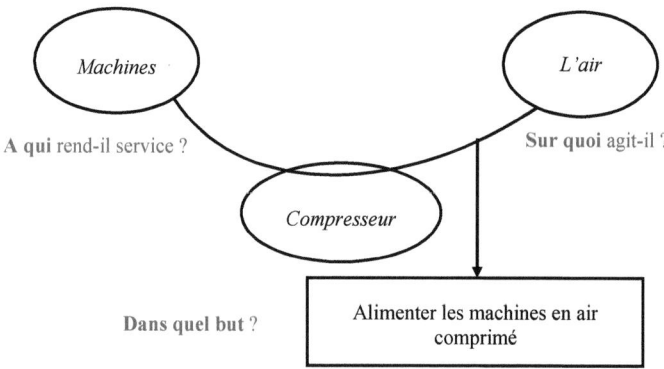

Figure 48 : Diagramme de bête à corne du compresseur

Validation du besoin

Pourquoi le besoin existe-t-il ?

- L'existence des machines qui utilisent l'air comprimé.

Qu'est ce qui pourrait faire évoluer le besoin ?

- L'achat d'autre machines qui utilise l'air comprimé (*OUI*).

Qu'est ce qui pourrait faire disparaître le besoin ?

- Pas de machines qui utilise l'air comprimé dans les ateliers (NON)

Conclusion :

Le besoin est primordial donc il est validé.

Approche externe : Diagramme PIEUVRE

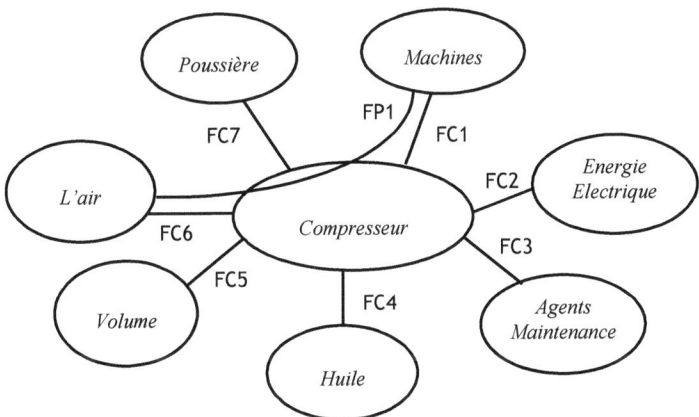

Figure 49 : Diagramme pieuvre du compresseur

FP1 : Alimenter en air comprimé les différents types de machines.

FC1 : Alimenter les machines d'un air comprimé sèche.

FC2 : Etre adaptable à la tension secteur.

FC3 : Etre facilement réparable et utilisable.

FC4 : Etre adaptable aux différents types d'huiles.

FC5 : Etre moins volumineux.

FC6 : Etre protégé de l'air humide.

FC7 : Etre protégé de la poussière

L'analyse fonctionnelle interne (FAST)

Fonction principale FP1	Fonctions composantes	Fonctions élémentaires	Solutions techniques
	Alimenter en courant électrique		Câble et prise
		Créer une dépression	Moteur compresseur
	Aspirer l'air	Créer une dépression	Moteur compresseur
		Créer une dépression	Moteur compresseur
Alimenter en air comprimé les différents types de machines.	Filtrer l'air aspiré	Faire rassembler les impuretés en amont du compresseur	Natte filtrante
		Faire rassembler les impuretés en aval des nattes filtrantes	Filtre d'air
		Refouler l'huile sous pression	Pompe de refroidissement
	Refroidir l'air comprimé	Filtrer l'huile de refroidissement	Filtre d'huile
		Faire circuler l'huile sous pression	Raccords
	Assurer la protection des moteurs contre les surcharges surchauffage		Relais thermique du moteur compresseur
	Contrôler la pression du circuit	Fournir une information lorsque cette pression atteint la valeur de	Pressostat de sécurité

Analyse fonconnelle de l'équiepement « Oxycoupeuse » :

L'énoncé du besoin : "la bête à cornes" :

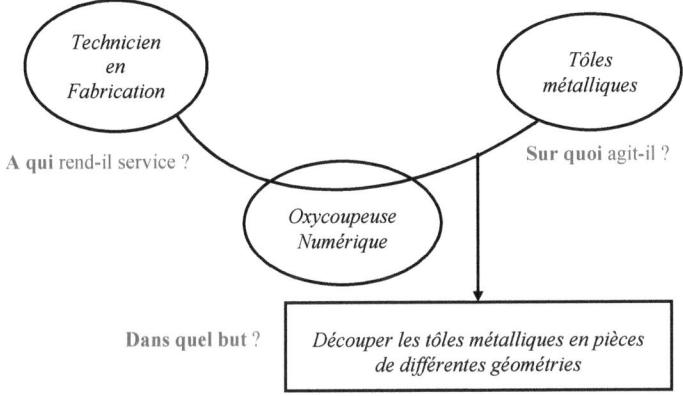

Figure 50 : Diagramme de bête à corne de l'oxycoupeuse numérique

Validation du besoin

Pourquoi le besoin existe-t-il ?

- La nécessité de découper les tôles métallique en différents forme géométrique.
- La sous-traitance de l'opération d'oxycoupage coute trop chère.

Qu'est ce qui pourrait faire évoluer ou disparaître le besoin ?

- Il n'y a plus de demande des pièces découpées par les autres ateliers : Bougie, Ferroviaire, Chaudronnerie (*NON*)
- Il n'y a pas des tôles dans le marché (*NON*)
- Sous traiter les opérations d'oxycoupage (*NON : Frais de transport, Couts élevé de la sous-traitance*).

Conclusion :

Le besoin est primordial donc il est validé.

Approche externe : Diagramme PIEUVRE

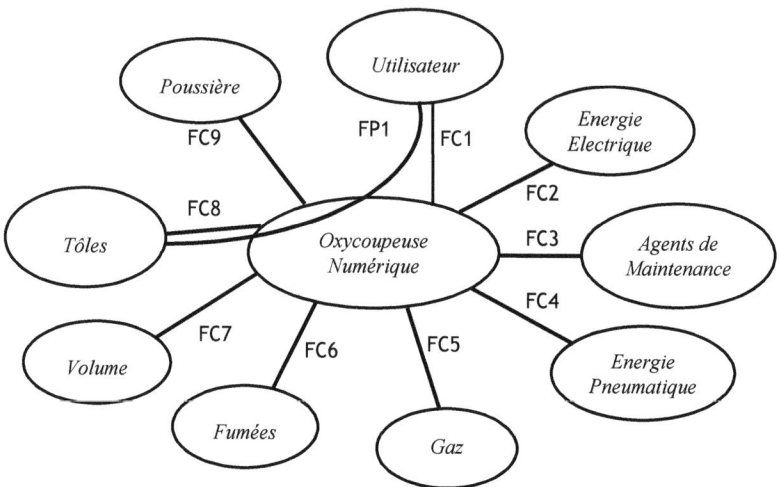

Figure 51 : Diagramme pieuvre de l'oxycoupeuse numérique

FP1 : Découper les tôles métalliques en pièces de différentes géométries par l'exploitant.

FC1 : Etre facilement utilisable par l'utilisateur.

FC2 : S'adapter à la tension secteur.

FC3 : Etre facilement réparable

FC4 : Etre adaptable à la pression d'air générée par le compresseur

FC5 : Etre adaptable aux différents gaz utilisés dans les opérations de découpage.

FC6 : Etre aspirée des fumées.

FC7 : Etre moins volumineux.

FC8 : Etre capable de découper des tôles volumineuses de différents matériaux.

FC9 : Etre protégée de la poussière.

L'analyse fonctionnelle interne

Fonction principale FP1	Fonctions composantes	Fonctions élémentaires	Solutions techniques
	Alimenter en programme		USB ou Base de données
	Recevoir le programme	Lecture du programme	Unité centrale et Ecran Tactile
	Alimenter en énergie électrique	Alimenter en tension du secteur	Câbles + Prises
	Adapter l'énergie électrique	Adapter la tension du secteur	Transformateur
	Alimenter en air comprimé		Compresseur + tuyauterie
Découper la tôle en pièces de différentes géométries	Filtrer l'air comprimé	Filtrer l'air comprimé des impuretés	Filtre
	Adapter la pression d'air	Régler la pression d'air selon l'épaisseur de la tôle	Limiteur de pression
	Alimenter en propane		Bouteille de propane + tuyauterie
	Adapter la pression du propane	Régler la pression du propane selon l'épaisseur de la tôle	Limiteur de pression
	Alimenter en O_2		Tuyauterie

Adapter la pression du O$_2$	Régler la pression du propane selon l'épaisseur de la tôle	Limiteur de pression
Alimenter en tôles	Déplacer les tôles	Venteuse
Déplacer le Chalumeau	Adapter le mouvement	Variateur de vitesse OX
	Transformer l'énergie électrique en énergie mécanique	Moteur
	Transformer le mouvement suivant OX	Système pignon crémaillère
	Supporter l'ensemble suivant OX	Chariot longitudinale
	Guider en translation suivant OX	Glissière et roulements à billes
	Adapter le mouvement	Variateur de vitesse OY
	Transformer l'énergie électrique en énergie	Moteur
	Transformer le mouvement suivant OY	Système pignon crémaillère
	Supporter l'ensemble suivant OY	Chariot longitudinale

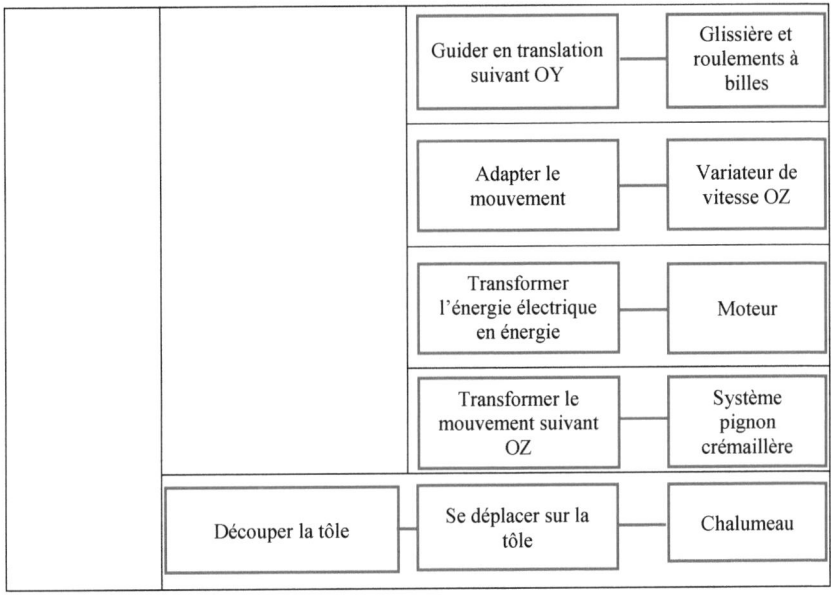

Diagramme SADT

Remarque : Spécialement pour l'équipement oxycoupeuse on va élaborer le SADT pour mieux détailler son fonctionnement :

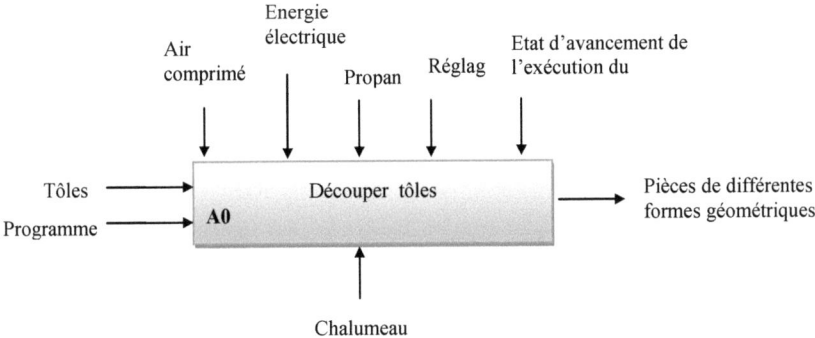

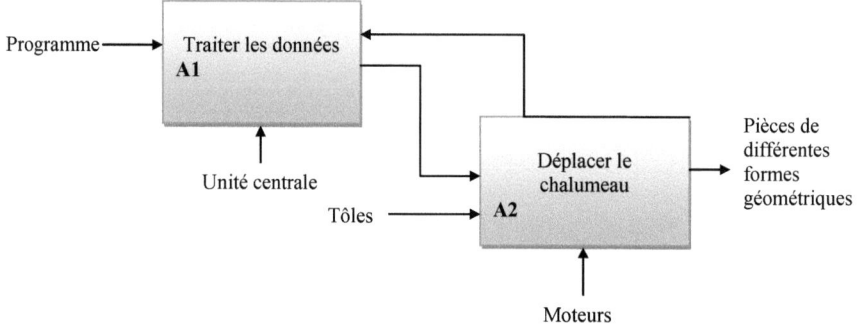

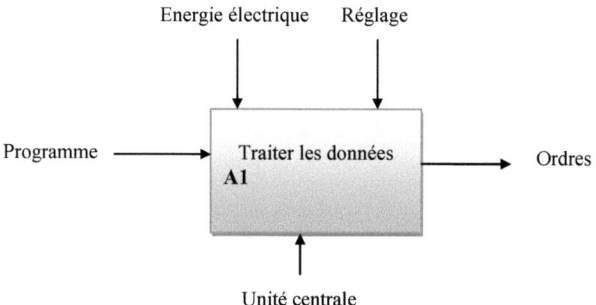

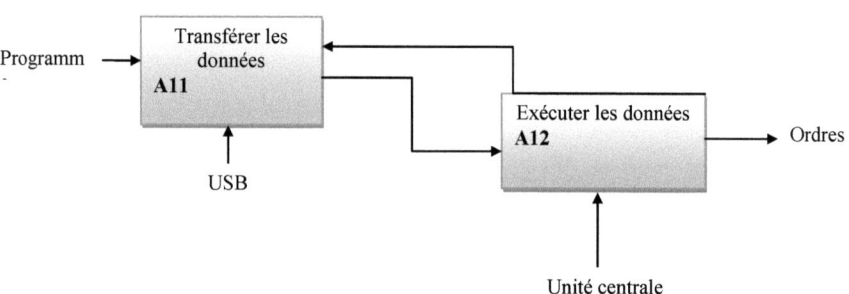

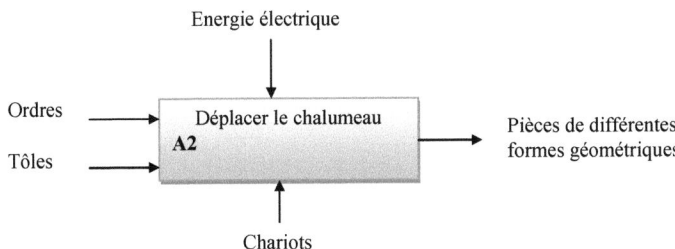

Energie électrique

Ordres ⟶ Déplacer le chalumeau **A2** ⟶ Pièces de différentes formes géométriques

Tôles ⟶

Chariots

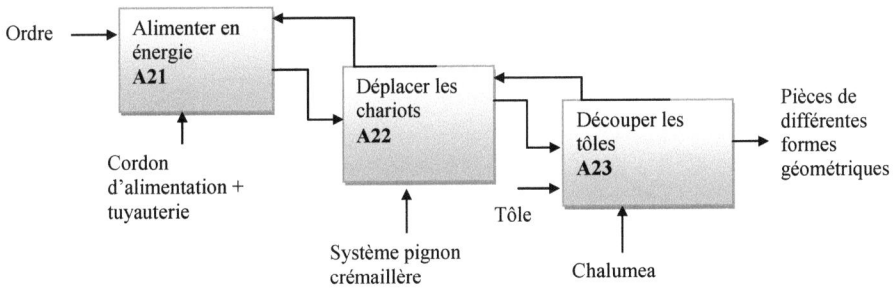

Ordre ⟶ Alimenter en énergie **A21**

Cordon d'alimentation + tuyauterie

Déplacer les chariots **A22**

Système pignon crémaillère

Découper les tôles **A23**

Tôle

Chalumea

Pièces de différentes formes géométriques

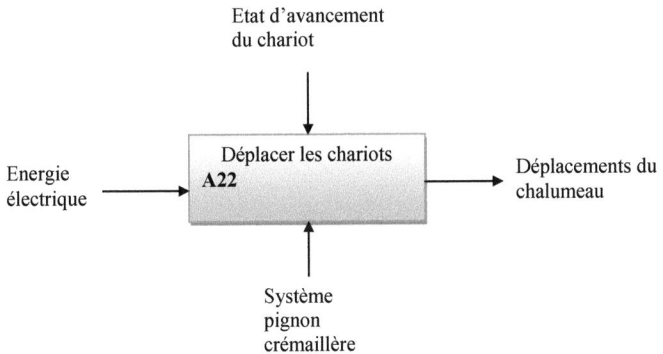

Etat d'avancement du chariot

Energie électrique ⟶ Déplacer les chariots **A22** ⟶ Déplacements du chalumeau

Système pignon crémaillère

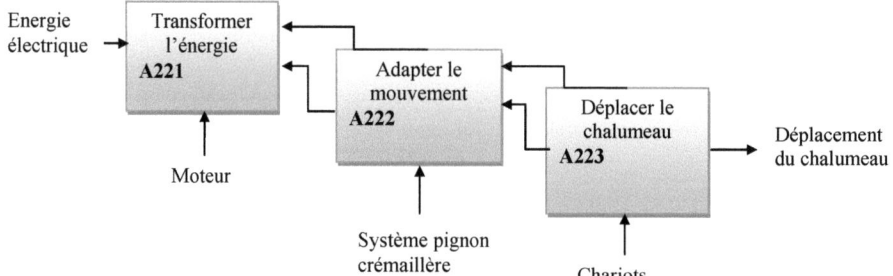

Figure 52 : Diagramme SADT de l'oxycoupeuse numérique

Analyse fonconnelle de l'équiepement « PLIEUSE » :

L'énoncé du besoin : "la bête à cornes" :

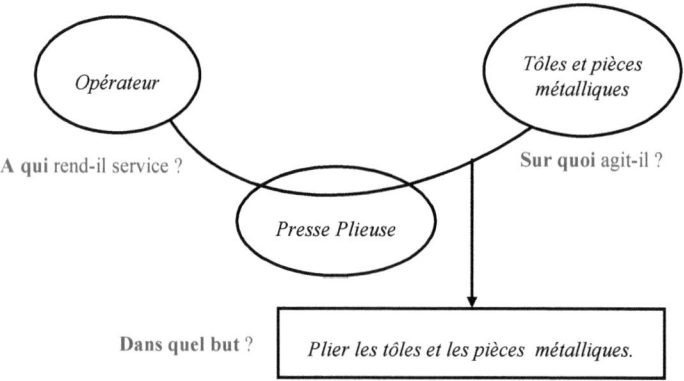

Figure 53 : Diagramme pieuvre de la presse plieuse

Validation du besoin :
Pourquoi le besoin existe-t-il ?

- Les activités des ateliers se basent sur les tôles ou les pièces pliées.
- La sous-traitance de l'opération de pliage coute trop chère.

Qu'est ce qui pourrait faire disparaître ou évoluer le besoin ?

- Il n'y a plus de demande des pièces pliées par les autres ateliers : Bougie, Ferroviaire, Chaudronnerie (*NON*)

- Il n'y a pas des tôles dans le marché (*NON*)
- Sous traiter les opérations de pliage (*NON : Frais de transport, Couts élevé de la sous-traitance*).

Conclusion : Le besoin est primordial donc il est validé.

Approche externe : Diagramme PIEUVRE

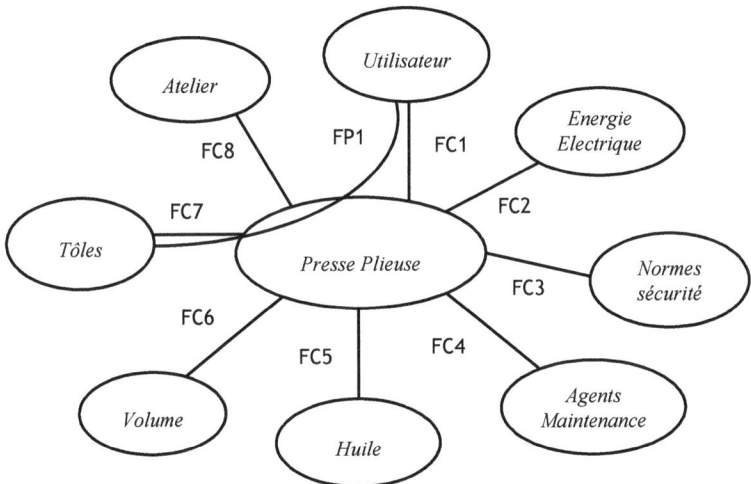

Figure 54 : Diagramme de bête à corne de la presse plieuse

FP1 : Permettre à l'utilisateur de plier les tôles métalliques.

FC1 : Etre facilement utilisable par l'opérateur

FC2 : Respecter les normes de sécurité.

FC3 : S'adapter à la tension secteur.

FC4 : Réparer facilement.

FC5 : Adapter aux différents types d'huile.

FC6 : Etre moins volumineux.

FC7 : Adapter aux tôles épaisses et de matériaux variés.

FC8 : Respecter l'environnement de l'atelier.

L'analyse fonctionnelle interne (FAST)

Fonction principale FP1	Fonctions composantes	Fonctions élémentaires	Solutions techniques
	Alimenter en énergie électrique	Alimenter en tension secteur	Câbles et Prises
	Adapter l'énergie électrique	Adapter tension secteur	Transformateur
	Transformer l'énergie électrique en énergie mécanique		Moteur
	Stocker l'huile		Réservoir
	Filtrer l'huile	Accumuler les impuretés	Filtre
	Transformer l'énergie Mécanique en énergie hydraulique		Pompe
	Assurer la circulation d'huile sous pression		Tuyauterie et raccords
Plier les tôles ou les pièces métalliques	Autoriser le passage du fluide dans un seul sens		Clapet
	Eliminer la sous pression dans le circuit hydraulique		Régulateur de sécurité
	Diriger l'huile sous pression	Alimenter les chambres des vérins en huile sous pression	Distributeur

198

Piloter la direction de circulation d'huile sous pression	Piloter le distributeur	Electrovalve
Indiquer la pression du circuit l'huile	Afficher pression	Manomètre
Transformer l'énergie hydraulique en énergie mécanique		Vérins
Assurer l'étanchéité	Eliminer les fuites d'huile entre les chambres du vérin	Joints
Répartir l'effort Sur toute la tôle		Coulisseau
Supporter la matrice et les pièces		Table
Régler la machine	Régler la pression	Volant pression
Régler la machine	Régler la vitesse	Volant vitesse
Régler la machine	Régler la course	Volant point mort haut + Volant point mort bas
Régler la machine	Régler le type de production	Commutateur
Actionner les vérins		Pédales
Déformer les tôles	Exercer une force sur les tôles	Poinçon (le vé) + Matrice

Analyse fonconnelle de l'équiepement « PONT ROULANT » :

L'énoncé du besoin : "la bête à cornes" :

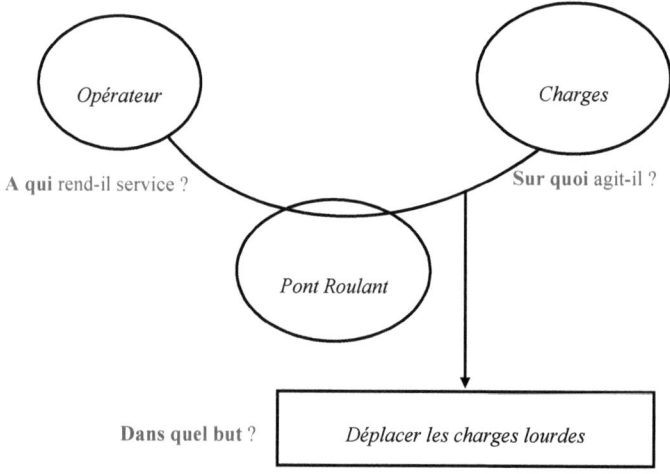

Figure 55 : Diagramme de bête à corne du pont roulant

Validation du besoin :

Pourquoi le besoin existe-t-il ?

-   Les activités des ateliers utilisent des charges trop lourdes.

Qu'est ce qui pourrait faire disparaître ou évoluer le besoin ?

-   Il n'y a plus de charges à déplacer dans les ateliers (*NON*)

Conclusion :

Le besoin est primordial donc il est validé.

Approche externe : Diagramme PIEUVRE

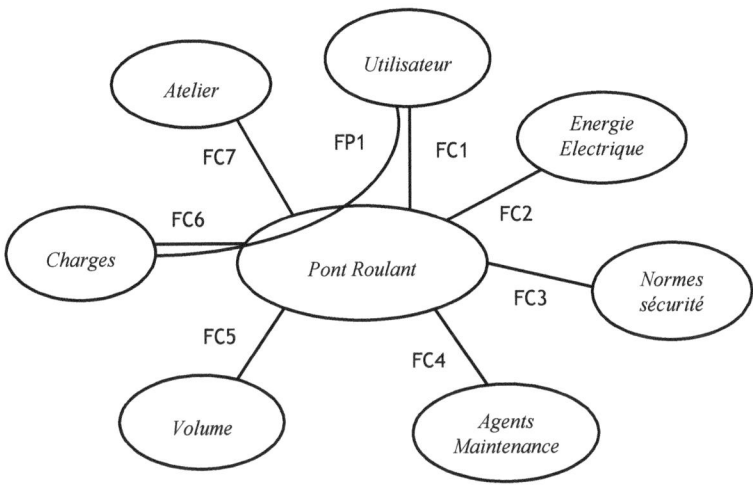

Figure 56 : Diagramme pieuvre du pont roulant

FP1 : Permettre à l'utilisateur de déplacer facilement les charges

FC1 : Etre facilement utilisable par l'opérateur

FC2 : S'adapter à la tension secteur.

FC3 : Respecter les normes de sécurité.

FC4 : Mettre à disponibilité facilement.

FC5 : Etre moins volumineux.

FC6 : Adapter à toutes charges.

FC7 : Respecter l'environnement de l'atelier et ne pas déranger le travail des opérateurs.

L'analyse fonctionnelle interne (FAST)

Fonction principale FP1	Fonctions composantes	Fonctions élémentaires	Solutions techniques
	Alimenter en énergie électrique		Chariots collecteurs
	Lever la charge	Tourner le tambour	Moteur-réducteur de levage
	Supporter la charge		Câble de levage + Crochet
	Translater le chariot horizontalement		Moteur horizontale
Déplacer la charge	Translater le pont longitudinalement		Moteur longitudinale
	Guider et serrer le câble		Anneau guide câble
	Freiner la descente ou la remonte		Frein conique
	Couper ou établie le courant dans le circuit électrique		Contacteur de fin de course
	Commander le mouvement du pont		
	Guider le mouvement du pont		Rails + roulements

ANNEXE 6

Maintenance de premier niveau pour l'équipement « CISAILLE GULLOTINE » :

Plan de maintenance premier niveau	Section : Débitage (D1)		Désignation Equipement : CISAILLE GUILLOTINE				
			Code : D110				
Recueil des opérations	Marche	Arrêt	Intervenants	Durée	Périodicité	Observations (Notes Méthodes)	
- Lubrifier les lames.	×		L'opérateur	5 min	1 jour	- Utiliser un pinceau et l'huile.	
- Lubrifier la machine en actionnant les deux pompes à commande manuel.			L'opérateur	10 min	2 fois / jour	- Utiliser l'huile SHELL TELLUS OIL 68.	
- S'assurer que l'huile arrive à tous les points.	×						
- Veuillez à ce qu'il n'y a pas un désamorçage des pompes.							
- Graisser la vis ans fin.	×		L'opérateur	5 min	2 semaines	- Utiliser la graisse.	
- Vérifier le niveau d'huile dans les pompes à commande manuel.	×		L'opérateur	5 min	1 semaine	- Vérification à l'aide d'une tige métallique.	
- Resserrer les boulons de la lame supérieure.		×	L'opérateur	10 min	2 semaines	- Remonter la presse tôle.	

Rédacteur : ALLAOUI & CHERQAOUI	Date de création : 05/04/2011	Mise à jour le : 05/04/2011

204

Maintenance de premier niveau pour l'équipement « OXYCOUPEUSE » :

Plan de maintenance premier niveau	Section : Débitage (D1)	Désignation Equipement : Code : D208				Oxycoupeuse Numérique MESSER
Recueil des opérations	Marche	Arrêt	Intervenants	Durée	Périodicité	Observations (Notes Méthodes)
- Nettoyer la tôle.		×	L'opérateur	5 min	Avant de commencer l'opération découpage	- Disposer de l'ai comprimé.
						- Toujours débrancher la source de courant de l'alimentation principale avant de vérifier ou de changer les pièces de la torche.
- Contrôlez les pièces consommables de la torche si elles sont usées ou endommagées.		×	L'opérateur	10 min	Utilisation	- Faire démontez les pièces consommables de la torche. - Placez toujours les consommables sur une surface propre, sèche, sans huile. De la saleté dans les pièces peut causer un mauvais fonctionnement de la torche.
- Nettoyer et contrôler la buse.		×	L'opérateur	5 min	Utilisation	- Remettez la buse et vissez-la d'abord avec les doigts, ensuite avec la clé. Ne pas serrer de trop.

Opération		Responsable	Durée	Fréquence	Remarques
- Vérifiez que la torche soit perpendiculaire à la pièce à découper.	×	L'opérateur	5 min	Utilisation	- Utiliser une équerre pour s'assurer que la torche est perpendiculaire à la pièce à couper.
- Contrôler la pression d'oxygène **PO**, la pression du propane **PP** et la pression d'air comprimé **PA**. - Nettoyer les débitmètres et les manomètres de la poussière. - Vérifiez que les verres des débitmètres et les manomètres sont en bon état.	×	L'opérateur	10 min	1 jour	- **PO** = 10 bars. - **PP** >= 10 bas. - **PA** = 7 bars.
- Inspectez la profondeur du creux dans l'électrode.	×	L'opérateur	5 min	1 jour	- En se servant de la jauge pour électrode. - L'électrode doit être remplacée quand la profondeur du creux excède 1,1 mm. - Avant d'installer l'électrode, assurez-vous d'enduire légèrement le joint torique avec du lubrifiant de silicone. - Remettez l'électrode, vissez-la, mais ne pas serrer trop.
- Nettoyer la machine, la crémaillère et le rail de la poussière.	×	L'opérateur	1h	Semaine	- 5litres de mazout par mois,. - Les chiffons. - L'air comprimé. - Un pinçon.

Rédacteur : ALLAOUI & CHERQAOUI   **Date de création : 23/03/2011**   **Mise à jour le : 24/03/2011**

Maintenance de premier niveau pour l'équipement « PLIEUSE » :

Plan de maintenance premier niveau	Section : Débitage (D1)	Désignation Equipement : Code : F201			PRESSE PLIEUSE	
Recueil des opérations		Marche	Arrêt	Intervenants	Durée	Périodicité	Observations (Notes Méthodes)

Recueil des opérations	Marche	Arrêt	Intervenants	Durée	Périodicité	Observations (Notes Méthodes)
- Contrôler l'étanchéité des joints à lèvres du vérin.	x		L'opérateur	15 min	1 jour	Contrôle visuel
- Resserrer les écrous d'accrochage vérin-coulisseau.						
- Resserrer les glissières.		x	L'opérateur	15 min	1 semaine	- Utiliser les clés
- Resserrer les vis à six pans creux de la culasse.						
- Contrôler le niveau d'huile dans le réservoir.		x	L'opérateur	10	1 semaine	
- Graisser la machine.		x	L'opérateur	1 min	1 semaine	- Utiliser l'huile.
- Nettoyer la machine.		x	L'opérateur	30 min	1 semaine	- Disposer des chiffons

Rédacteur :   ALLAOUI & CHERQAOUI   Date de création : 25/04/2011   Mise à jour le : 25/04/2011

Maintenance de premier niveau pour l'équipement « POTENCE DE SOUDAGE » :

| Plan de maintenance premier niveau | Section : Chaudronnerie (C 1) | Désignation Equipement : Code : CS407 | | POTENCE DE SOUDAGE | | |

Recueil des opérations	Marche	Arrêt	Intervenants	Durée	Périodicité	Observations (Notes Méthodes)
- Vider le four de la poudre froide et remplacer la par la poudre chaude. - Purger le réservoir d'aire jusqu'à avoir une pression nulle. - Vérifier que la température du four est fixe : T= 250 °C. - Tester le fonctionnement du pupitre de commande et des différents voyants.		×	L'opérateur	25 min	1 jour	Avant démarrage
- Contrôler la température du four. - Remplir le four par la poudre chaude lorsque celle-ci est épuisée. - Changer la bobine du fil de soudage lorsqu'il s'épuise. - Régler la vitesse de sortie du fil de soudage. - Régler la vitesse de rotation de la pièce à souder. - Régler l'ampérage et le voltage du poste de soudage en fonction de l'épaisseur et du matériau de la pièce à souder.	×		L'opérateur	15 min	1 jour	
- Nettoyer la machine par l'air comprimé.	×	×	L'opérateur	10	1 jour	
Nettoyer la potence et Graisser la dans les points (G).	×		L'opérateur	1 min	1 semaine	Voir les points G dans la fiche technique équipement

| Rédacteur : ALLAOUI & CHERQAOUI | Date de création : 15/03/2011 | Mise à jour le : 15/03/2011 |

ANNEXE 7

Feuille d'analyse AMDEC

AMDEC - Moyen de production

Fournisseur :
Systèmes : CISAILLE GUILLOTINE

Rédacteur : Groupe-AMDEC
Service : Maintenance
Date : 22/03/11

Composant	Fonctions	Modes de défaillance	Causes	Effets	Criticité Indices nominaux					Actions correctives	Criticité Indices finaux				
					TI	F	G	D	C	Actions	TI'	F'	G'	D'	C'
Régulateur de pression	Adapter et maintenir la pression constante	Déréglage du régulateur	Détérioration des joints torique	Variation de la vitesse de descente du coulisseau	3h	1	4	4	16	Vérifier régulièrement l'état du joint torique de valve	0h	1	1	4	4
Régulateur de pression	Adapter et maintenir la pression constante	Déréglage du régulateur	Déréglage de la partie guide du bouchon	Variation de la vitesse de descente du coulisseau	2h	1	4	4	16	Vérifier régulièrement la partie guide bouchon	0h	1	1	4	4
Régulateur de pression	Adapter et maintenir la pression constante	Déréglage du régulateur	Détérioration de la tige poussoir de descente du coulisseau	Variation de la vitesse de descente du coulisseau	2h	1	4	4	16	Vérifier régulièrement l'état de la tige poussoir de valve	0h	1	1	4	4
Régulateur de pression	Adapter et maintenir la pression constante	Le débit démunie ou s'arrêt	Corps étrangers obstrue l'arrivée d'air	Diminution de la vitesse de la descente du coulisseau	2h	1	4	4	16	Nettoyage régulier du filtre d'air	0h	1	1	4	4
Régulateur de pression	Adapter et maintenir la pression constante	Fuite entre le corps inférieur et le corps supérieur	Desserrage des vis	Déformation des tôles	15 min	1	4	2	8	Serrer régulièrement les vis	5 min	1	1	2	2
Régulateur de pression	Adapter et maintenir la pression constante	Fuite entre le corps inférieur et le corps supérieur	Dégradation de l'état du diaphragme	Diminution du débit d'air en avale du régulateur	2h	1	4	4	16	Contrôle régulier de l'état du diaphragme	0h	1	1	4	4
Embrayage	Dispositif d'accouplement temporaire	Embrayage patine lors de la coupe d'une tôle	L'épaisseur de la tôle dépasse e_{max} =12 mm	Dégagement d'une fumée abondante et une odeur caractéristique, Le cisaillement	4h	1	4	1	4	Ne pas dépasser l'épaisseur maximale de la tôle,	0h	1	1	4	4

				des tôles n'est pas assuré.										
Embrayage	Dispositif d'accouplement temporaire	Embrayage patine lors de la coupe d'une tôle	La lame est émoussée	Déformation des tôles	2h	3	4	1	12	Contrôle régulier de l'état des lames,	0h	1	1	1
Embrayage	Dispositif d'accouplement temporaire	Embrayage n'est pas verrouillé	Le ressort de verrouillage est cassé	La cisaille s'arrête si on lève le pied de la pédale	3h	1	4	1	4	Remplacer le ressort de verrouillage	3h	1	4	4
Filtre d'air	Filtrer l'air humide	Colmatage du filtre	Le niveau du liquide recueillis dans la partie inférieure de la cuve dépasse le séparateur	Diminution de la pression d'air à l'entrée du piston du coulisseau	15m in	3	2	2	12	Purger régulièrement le filtre	0h	1	2	2
Ressort de rappel du presseur	Faire le rappel du presseur dans la position initial	Perte d'élasticité	Dépassement de la durée de vie	Non retour du ressort a la position initiale, Arrêt de la production,	1h	2	5	1	10	Remplacement systématique du ressort	0h	1	1	1
Presseur	Assurer le maintien et la fixation de la tôle lors de l'opération de cisaille	Fuite d'huile	Détérioration du joint d'étanchéité	Risque de blessure de l'opérateur, Diminution de la précision de cisaillage	1h	2	5	2	20	Remplacement systématique des joints à lèvres	0h	1	2	2
Piston du coulisseau	Pousser le coulisseau	Fuite d'air comprimé	Détérioration du joint d'étanchéité	Diminution de la force de cisaillement, Pliage des tôles	3h	2	4	2	16	Remplacement systématique du joint en cuir du piston	0h	1	2	2
Pompe manuelle de graissage	Lubrifier les différents points de la machine	Désamorçage de la pompe	La pompe a aspiré l'air	non pompage d'huile	90 min	2	4	1	8	Purger la pompe régulièrement	90 min	1	4	4
Moteur principale	Faire tourner la poulie	Détérioration de la bobine	Blocage vilebrequin	Arrêt de production	1jr	1	4	1	4	Installation de relais thermiques de bonne qualité avant le moteur.	20 min	1	2	2
Filtre d'huile	Filtrer l'huile des impuretés	Colmatage du filtre	Présence des impuretés dans l'huile	Diminution du débit de refoulement de la pompe	1h	2	2	2	8	Nettoyage régulier du filtre, Vidange régulier d'huile,	0h	1	2	2

AMDEC – Moyen de production de l'équipement « COMPRESSEUR » :

Feuille d'analyse AMDEC

AMDEC - Moyen de production

Fournisseur : KAESER Systèmes : COMPRESSEUR	Rédacteur : Groupe-AMDEC Service : Maintenance Date : 22/04/11

Composant	Fonctions	Modes de défaillance	Causes	Effets	Criticité Indices nominaux					Actions correctives	Criticité Indices finaux				
					TI	F	G	D	C	Actions	TI'	F'	G'	D'	C'
Contacteur ON/OFF	Etablir ou interrompre l'alimentation des canalisations électriques	Le contacteur ne réagit pas à l'ordre de mise en circuit ou de la mise à l'arrêt	Problème dans le contacteur	Non démarrage/ Non arrêt du compresseur	2h	1	4	1	4	Contrôler le contacteur	2h	1	4	1	4
Contacteur ON/OFF	Etablir ou interrompre l'alimentation des canalisations électriques	Le contacteur ne réagit pas à l'ordre de mise en circuit ou de la mise à l'arrêt	Problème dans le câble d'alimentation	Non démarrage du compresseur	2h	1	1	4	4	Contrôler régulièrement l'état du câble d'alimentation.	0h	1	1	4	4
Filtre à air	Filtré l'air des impuretés	Colmatage du filtre	Milieu poussiéreux	- Diminution de la pression de refoulement du compresseur. - L'air devient humide	1h	4	4	4	64	Nettoyer la cartouche ou le changer régulièrement.	0h	1	1	3	3
Filtre à air	Filtré l'air des impuretés	Fuite d'huile de refroidissement sur le filtre à air.	Niveau d'huile de refroidissement dans réservoir séparateur d'huile trop élevé.	- Perte d'huile. -Accumulation de la poussière sur le filtre	15 min	3	2	4	24	- Etre prudent quand lors de l'opération de vidange d'huile. - Vidanger l'huile de refroidissement jusqu'au niveau approprié.	15 min	1	2	4	8

Élément	Fonction	Mode de défaillance	Cause	Effet	Temps	F	G	D	C	Action corrective	Temps	F	G	D	C
Pressostat de sécurité du compresseur frigorifique	Controler la pression du circuit et fournir une information lorsque cette pression atteint la valeur de réglage du pressostat	Déclenchement du pressostat	Déréglage du pressostat	Arrêt du compresseur	10 min	2	1	4	8	Vérifier régulière ment le réglage du pressostat	10 min	1	1	4	4
Moteur compresseur	Transformer l'énergie électrique en énergie mécanique	Moteur chauffe	Mauvaise ventilation	Risque de détérioration du moteur	2h	1	4	4	16	Changement du ventilateur.	2h	1	4	3	12
Moteur compresseur	Transformer l'énergie électrique en énergie mécanique	Moteur chauffe	Coincement de la pompe et du roulement du moteur.	Risque de détérioration du moteur.	8h	1	4	4	16	Changement systématique des roulements du moteur.	0h	1	1	3	3
Accouplement	Permettre la transmission du couple d'un arbre menant à un arbre mené.	Déréglage de l'accouplement	Desserrage des vis	Risque de détérioration de l'accouplement	3h	3	4	4	48	Contrôle régulier de l'état de l'accouplement	0h	1	1	4	4
Accouplement	Permettre la transmission du couple d'un arbre menant à un arbre mené.	Détérioration de l'accouplement	Desserrage des vis	Arrêt du compresseur	3h	3	2	4	24	Contrôle régulier de l'état de l'accouplement	0h	1	1	4	4
Accouplement	Permettre la transmission du couple d'un arbre menant à un arbre mené.	Détérioration de l'accouplement	Problème de démarrage	Arrêt du compresseur	3h	3	4	4	48	- Le démarrage se fait seulement par un agent de compétence.	0h	1	1	4	4
Accouplement	Permettre la transmission du couple d'un arbre menant à un arbre mené.	Déréglage de l'accouplement	Détérioration de l'accouplement	Risque de détérioration de l'accouplement	3h	3	4	4	48	Contrôle régulier de l'état de l'accouplement	0h	1	1	4	4
Roulement du moteur compresseur	Guidage en rotation l'arbre moteur	Echauffement des roulements du moteur compresseur	- Frottement - Manque de graissage des roulements	Risque de détérioration des roulements	30 min	3	3	4	36	Graissage régulier des roulements	0h	1	1	4	4
Raccords	Faire circuler l'huile sous pression	Fuites au niveau des raccords	Détérioration et desserrage des raccords	- Perte d'huile. - Augmentation de la température	30 min	2	3	2	12	Contrôler régulièrement l'état des raccords	0h	1	1	2	2

Filtre à huile	Filtrer l'huile des impuretés	Détérioration du filtre	Dépassement de la durée de vie	Mélange d'air de sortie d'air comprimé avec l'huile	1h	2	3	4	24	Changement systématique du filtre	0h	1	1	4	4
Relais thermique du moteur compresseur	Assurer la protection des moteurs contre les surcharges surchauffage	Relais thermique défectueux ou mal réglé	Relais thermique déclenche	Arrêt du compresseur	15 min	2	2	3	12	Régler le relais thermique	15 min	2	2	2	8
Relais thermique du moteur compresseur	Assurer la protection des moteurs contre les surcharges surchauffage	Cartouche séparatrice d'huile colmatée.	Relais thermique déclenche	Arrêt du compresseur	1h	2	3	4	24	Nettoyer régulièrement la cartouche séparatrice d'huile	0h	1	1	4	4
Relais thermique du moteur compresseur	Assurer la protection des moteurs contre les surcharges surchauffage	Contre pression dans le circuit d'air	Relais thermique déclenche	Arrêt du compresseur	30 min	2	3	4	24	Contrôle régulier de l'état du clapet antiretour	0h	1	1	4	4

Feuille d'analyse AMDEC

AMDEC - Moyen de production

Fournisseur : MESSER
Système : OXYCOUPEUSE

Rédacteur : Groupe-AMDEC
Service : Maintenance
Date : 22/03/11

Composant	Fonctions	Modes de défaillance	Causes	Effets	Criticité Indices nominaux					Actions correctives	Criticité Indices finaux				
					TI	F	G	D	C	Actions	TI'	F'	G'	D'	C'
Chalumeau	Découper les tôles	Difficulté d'allumage	L'alternance du fonctionnement de la machine	Non démarrage de la machine	2h	3	4	1	12	L'exploitant doit disposer d'un briquer manuel	0 h	3	1	1	3
Chalumeau	Découpage des tôles	Difficulté d'allumage	Manque du gaz	Arrêt de la production	2h	3	4	2	24	Il faut vérifier le niveau du gaz	0 h	1	1	2	2
Chalumeau	Découpage des tôles	Difficulté d'allumage	Manque d'air	Arrêt de la production	2h	3	4	2	24	La machine doit disposer de sa propre source d'air	0 h	1	1	2	2
Buse	Assurer la circulation de l'air et du propane	Détérioration de la buse	Grains de fer	Diminution de la précision de la coupe	10 min	4	5	1	20	Vérifier et respecter la distance entre le chalumeau et la tôle	10 min	3	2	1	6
Buse	Assurer la circulation de l'air et du propane	Détérioration de la buse	Mal réglage	Diminution de la précision de la coupe	10 min	4	5	1	20	Formation des opérateurs aux réglages de la machine	10 min	3	2	1	6
Ecran	Affichage des données	Données non affichées	Détérioration de la carte THT	Difficultés de voir le programme et de faire le réglage, Arrêt de la production	1h	2	5	1	10	Il faut avoir un écran de remplacement, Il faut personnaliser les composantes critiques de façon à les adapter à l'offre du marché nationale pour ne pas avoir la rupture du stock de pièce de rechange.	30 min	2	3	1	6

Composant	Fonction	Mode de défaillance	Cause	Effet						Action					
Torche de plasma	Découpage des tôles	Déréglage de la précision.	Fuite d'air	Arrêt de la production	2h	2	4	2	16	Maintenance systématique de la torche	0 h	2	1	2	4
Roulement de guidage	Assurer le guidage du chariot sur la raille	Blocage du guidage	La poussière et manque de graissage	Ralentissement ent de déplacement	10 min	4	1	1	4	Nettoyage et graissage de la machine	0 h	1	1	1	1
Roulement de guidage	Assurer le guidage du chariot sur la raille	Détérioration du roulement	Dépassement de la durée de vie	Diminution de la précision de découpage de la machine	2h	2	4	2	16	Remplacement systématique des roulements	0 h	1	1	2	2
Filtre à eau	Filtrer l'eau de refroidissement	Bouchage	Accumulation des impuretés	Arrêt de fonctionnement de la torche plasma	30 min	1	3	1	3	Changement systématique du filtre	0	1	1	1	1
Filtre à air	Filtrer l'air des impuretés	Bouchage	Accumulation de la poussière et humidité	Arrêt de fonctionnement de la torche plasma	30 min	1	3	1	3	Changement basé sur la maintenance conditionnelle	0	1	1	1	1
Carte électronique plasma	Commande du plasma	Détérioration de la carte	Sur tension	Arrêt de fonctionnement de la torche plasma	2 jrs	4	4	4	64	Ajouter un fusible avant l'enter de la carte	30 min	4	2	3	24
Disque dur	Stockage des données	Disparition des fonctionnalités	Virus	Déréglage ou Arrêt de la machine	1 jr	4	4	2	32	Utilisation d'un câble de réseau qui lit la machine au bureau de commande, Transit des plans par Outlook, Utiliser la licence du Kaspersky dans le poste du bureau de commande,	0	1	1	2	2
Carte graphique	Affichage	Détérioration de la carte graphique	Poussière	Arrêt de la production	3h	1	4	3	12	Nettoyage systématique de la carte graphique	0	1	1	3	3

Contacteur	Démarrage	Détérioration de la bobine	Déséquilibre des phases	Arrêt de la fonction plasma	1h	2	3	2	12	Vérification systématique de la source d'alimentation	0	1	1	2	2
Variateur x	Déplacer le chariot suivant l'axe des x	Détérioration du variateur	Accumulation de la poussière	Arrêt de la production	1jr	1	4	1	4	Nettoyage systématique des variateurs	0	1	1	1	1
Variateur y	Déplacer le chariot suivant l'axe des y	Détérioration du variateur	Accumulation de la poussière	Arrêt de la production	1jr	1	4	1	4	Nettoyage systématique des variateurs	0 min	1	1	1	1
Variateur z	Déplacer la torche ou le chalumeau	Coinçage du variateur	Accumulation de la poussière, Contact forcé entre le chalumeau et la tôle,	Arrêt de la production	1jr	1	4	1	4	Nettoyage systématique des variateurs, Utilisation de l'arrête d'urgence lorsque c'est nécessaire	10 min	1	1	1	1

Feuille d'analyse AMDEC

AMDEC - Moyen de production

Fournisseur : COLLY
Systèmes : PRESSE PLIEUSE

Rédacteur : Groupe-AMDEC
Service : Maintenance
Date : 22/03/11

Composant	Fonctions	Modes de défaillance	Causes	Effets	Criticité Indices nominaux					Actions correctives	Criticité Indices finaux				
					TI	F	G	D	C	Actions	TI'	F'	G'	D'	C'
Joint à lèvres	Assurer l'étanchéité	Détérioration des joints	Fin durée de vie	Fuite d'huile	4h	2	4	2	16	Remplacement systématique des joints	0h	1	1	2	2
Distributeur 5/3	Commander le passage, l'arrêt et le sens d'écoulement du fluide	Jeu entre le tiroir et son corps	Usure du tiroir et son corps	Difficulté d'actionner le vérin	4h	1	4	3	12	Contrôle régulier de l'état du distributeur, Remplacement du distributeur,	0h	1	1	3	3
Distributeur 5/3	Commander le passage, l'arrêt et le sens d'écoulement du fluide	Non pilotage du tiroir	Détérioration de la bobine	Arrêt de la production	90 min	1	4	3	12	Contrôle régulier de l'état du distributeur, Remplacement de la bobine,	0h	1	1	3	3
Vérin	Transformer l'énergie hydraulique en énergie mécanique	Ralentissement du mouvement du vérin	Accumulation des impuretés sous le clapet et/ou au pointeau	Baisse de la pression appliquée sur la tôle pour la cisailler	1 jr	1	4	3	12	Changement systématique d'huile et nettoyage de la machine des impuretés qui s'accumulent sous les clapets et/ou le pointeau	1h	1	2	3	6
Moteur	Transformer l'énergie électrique en énergie mécanique	Pas de démarrage	Problème du réseau électrique, Détérioration des relais thermiques,	Arrêt de la machine	2h	1	4	3	12	Vérifier périodiquement le réseau électrique, Changement des relais thermiques,	10 min	1	1	3	3

Composant	Fonction	Mode de défaillance	Cause	Effet	Temps					Action corrective	Temps				
Régulateur de pression	Régler la pression d'huile	Impossibilité de réglage	Diminution de la raideur des ressorts	Fortes oscillations de l'aiguille du manomètre	4h	1	4	3	12	Changement des ressorts et étalonnage du régulateur,	4h	1	4	3	12
Filtre d'huile	Filtrer l'huile des impuretés	Colmatage du filtre	Accumulation des impuretés	Diminution du débit d'huile.	4h	2	4	2	16	Nettoyage régulier du filtre,	0h	1	1	2	2
Pompe	Transformer l'énergie mécanique en énergie hydraulique	Jeu entre le piston et l'alésage	Usure du piston	Débit d'huile insuffisant	1 jr	1	4	3	12	Changer le cylindre et son alésage,	1 jr	1	4	3	12
Pompe	Transformer l'énergie mécanique en énergie hydraulique	Desserrage des écrous,	Perte d'huile		15 min	2	2	1	4	Serrer les vis,	15 min	2	2	1	4
Pompe	Transformer l'énergie mécanique en énergie hydraulique	Détérioration des joints à lèvres,	Perte d'huile		4h	2	4	1	8	Changer systématiquement les joints à lèvres	0 min	1	1	1	1
Clapet anti-retour	Contrôler le sens de circulation d'huile	Fuite d'huile dans le sens contraire	Détérioration des joints,	Impossibilité de fixer le coulisseau au point mort haut, Risque sur l'opérateur	2 jrs	1	5	3	15	Changer systématiquement les joints,	0 min	1	1	3	3
Pompe	Transformer l'énergie mécanique en énergie hydraulique	Fuite d'huile	Détérioration des joints à lèvres,	Perte d'huile	4h	2	4	1	8	Changer systématiquement les joints à lèvres,	0	1	1	1	1
Coulisseau	Guidage du mouvement suivant une ligne et répartition de la force sur le poinçon,	Coulisseau ne descend plus	Le volant de réglage de la vitesse est trop serré,	Arrêt de production	10 min	2	1	2		Desserrer le volant un peu,	10 min	2	1	2	

Coulisseau	Guidage du mouvement suivant une ligne et répartition de la force sur le poinçon,	Coulisseau ne descend plus	Les glissières sont trop serrées ou mal réglées	Arrêt de production	15 min	1	2	1	2	Graisser régulièrement des glissières,	0 min	1	1	1	1
Coulisseau	Guidage du mouvement suivant une ligne et répartition de la force sur le poinçon,	Le coulisseau descend mais la pression ne monte pas en régulateur de pression	Impureté située sous pointeau ou clapet du régulateur de pression	Difficulté de plier la tôle	3h	2	4	3	24	Desserrer le régulateur, le resserrer répéter l'opération plusieurs fois afin d'essayer de chasser l'impureté, Changement systématique de l'huile,	3h	1	4	3	12
Coulisseau	Guidage du mouvement suivant une ligne et répartition de la force sur le poinçon,	Le coulisseau descend mais la pression ne monte pas en bas de course	Le régulateur de sécurité est desserré	Difficulté de plier la tôle	1h	2	2	3	12	Serrer le régulateur de sécurité,	1h	1	2	3	12
Coulisseau	Guidage du mouvement suivant une ligne et répartition de la force sur le poinçon,	Le coulisseau descend mais la pression ne monte pas en bas de course	Détérioration ou casse des ressorts du régulateur	Difficulté de plier la tôle	2h	1	4	3	12	Changement des ressorts,	2h	1	4	3	12
Coulisseau	Guidage du mouvement suivant une ligne et répartition de la force sur le poinçon,	Le coulisseau est en bas de course et ne remonte pas (cas mode de marche sensitif)	Le circuit électrique « remonté » est coupé	Arrêt de production	15 min	2	2	2	8	Remise en marche du circuit électrique	15 min	2	2	2	8

Élément	Fonction	Mode de défaillance	Cause	Effet						Action					
Coulisseau	Guidage du mouvement suivant une ligne et répartition de la force sur le poinçon.	Le coulisseau est en bas de course et ne remonte pas (cas mode de marche sensitif)	Le volant de réglage de la vitesse est trop serré	Arrêt de production	10 min	1	1	3	3	Desserrer un peu le volant de réglage de la vitesse.	10 min	1	1	3	3
Coulisseau	Guidage du mouvement suivant une ligne et répartition de la force sur le poinçon.	Le coulisseau ne s'arrête pas au point mort haut choisi et remonte à fond de course	Contact de point mort haut est défectueux	Dommage matériel	2h	1	4	1	4	Arrêter la machine immédiatement, Changer l'interrupteur de position (fin de course).	2h	1	4	1	4

AMDEC – Moyen de production de l'équipement « PONT ROULANT » :

Feuille d'analyse AMDEC

AMDEC - Moyen de production

Fournisseur : DEMAG		Rédacteur : Groupe-AMDEC								
Systèmes : PONT ROULANT		Service : Maintenance								
		Date : 02/05/11								

Composant	Fonctions	Modes de défaillance	Causes	Effets	TI	F	G	D	C	Actions	TI'	F'	G'	D'	C'
							Criticité Indices nominaux			Actions correctives			Criticité Indices finaux		
Câble	Lever la charge	Câble rompue	Forte usure	- Risque de blessure de la personne - Détérioration matériel levé - Arrêt du pont	4h	1	5	1	5	Contrôle régulier de l'état du câble	0h	1	1	1	1
Câble	Lever la charge	Câble rompue	Fausse manœuvre	- Risque de blessure de la personne - Détérioration matériel levé - Arrêt du pont	4h	2	5	1	10	Formation des opérateurs	0h	1	1	1	1
Câble	Lever la charge	Coinçage du câble	Coincement de l'anneau du guide câble	Détérioration du câble et de son guide	8h	3	4	2	24	- Contrôle régulier de l'état du câble - Graissage régulier du câble de levage et son enrouleur et le tambour	0h	1	1	2	2
Câble	Lever la charge	Dépôt de rouille sur le câble	Oxydation	Risque de rupture de câble	15 min	1	2	1	2	Graissage régulier du câble de levage et son enrouleur et le tambour	15 min	1	2	1	2
Câble	Lever la charge	Usure du câble	Frottement entre le câble et autre pièce étranger	Rupture des fils du câble	4h	1	5	2	10	Formation des opérateurs	4h	1	5	2	10
Câble	Lever la charge	Torsion du câble	Rotation de la charge	Rupture des fils du câble	4h	2	5	2	20	- Contrôle régulier de l'état du câble - Formation des opérateurs	0h	1	1	2	2

222

Crochet	Lever la charge	Déformation du crochet	-Sur charge -Fatigue matériau du crochet	- Risque de blessure de l'opérateur - Détérioration des biens	2h	2	5	2	20	Vérification régulière de l'état du crochet.	0h	1	1	2	2
Boite à boutons	Permettre la commande du pont roulant	Détérioration des éléments de contact	Dépassement de durée de vie	Non commande du pont	2h	2	5	4	40	Controle régulier des éléments de contact	0h	1	1	4	4
Réducteur de levage	Obtenir une fréquence de rotation de l'arbre de sortie à la fréquence d'arbre d'entrée en fonction du rapport de transmission	Bruit sonore	Détérioration des roulements et pignons	- Arrêt du pont	2j	1	5	2	10	Vérifier régulièrement le fonctionnement silencieux des réducteurs	0h	1	1	2	2
Frein a garniture conique	Freiner la descente ou la remonte du crochet	Descente de la charge lors du freinage	Usure de la garniture	Augmentation de la distance de freinage	2h	2	4	2	16	Controle régulier de l'état du frein	0h	1	1	2	2
Interrupteur de fin de course - haute et basse	Arrêter le mvt de levage et de descente du crochet quand celui-ci attend aussi bien sa plus haute que sa plus basse position	Déréglage du butée "MONTEE" et butée "DESCENTE"	Fraction de l'anneau de guide câble	Risque de détérioration du tambour, moufle et câble.	1j	2	4	2	16	Remplacement du tambour, moufle et câble	1j	2	4	2	16

Élément	Fonction	Mode de défaillance	Cause	Effet	t				C	Action	t				C
Interrupteur de fin de course - haute et basse	Assurer la détection de présence	Non arrêt de la descente ou la remonte de la charge à la fin de course	Mauvais contact sur l'interrupteur, tambour et câble.	Risque de détérioration du tambour, moufle et câble.	4h	1	4	2	8	Changer l'interrupteur de fin de course.	4h	1	4	2	8
Anneau guide câble	Guider le câble pour qu'il entre dans les gorges du tambour	Déréglage du guide câble	Diminution de la raideur du ressort de serrage	- Coinçage et déformation du câble. - Destruction de l'anneau guide câble.	4h	2	4	4	32	Remplacer le câble et l'anneau guide câble.	4h	2	4	4	32
Anneau guide câble	Guider le câble pour qu'il entre dans les gorges du tambour	Déréglage du guide câble	Inclinaison de la charge	- Coinçage et déformation du câble. - Destruction de l'anneau guide câble.	4h	2	4	4	32	Formation des opérateurs	4h	1	4	4	16
Chariots collecteurs	Assurer l'alimentation électrique du pont	Manque d'alimentation électrique	Usure des charbons phases	Arrêt de pont	2h	3	4	4	48	Changement systématique des chariots collecteur	0h	1	1	4	4

AMDEC – Moyen de production de l'équipement « Potence de soudage » :

AMDEC DC-1000 :

Feuille d'analyse AMDEC

AMDEC - Moyen de production

Fournisseur : Lincoln Electric Systèmes : DC1000					Rédacteur : Groupe-AMDEC Service : Maintenance Date : 21/04/11							

Composant	Fonctions	Modes de défaillance	Causes	Effets	Criticité Indices nominaux					Actions correctives	Criticité Indices finaux				
					TI	F	G	D	C	Actions	TI'	F'	G'	D'	C'
Le contacteur	Mettre en route le poste	Le contacteur d'alimentation vibre	Tension d'alimentation trop faible	Soudage non conforme	1h	1	5	4	20	Vérifier régulièrement le réseau électrique	0 min	1	5	4	20
Le contacteur	Mettre en route le poste	Le poste ne se met pas en route	Fil d'alimentation coupé	Arrêt de production	30 min	2	3	4	24	Vérifier régulièrement la tension aux bornes du contacteur	0 min	1	2	4	24
Le contacteur	Mettre en route le poste	Le contacteur se ferme lorsqu'on appuie sur le bouton poussoir START mais s'ouvre aussitôt	Circuit imprimé de commande défectueux	Arrêt de production	1h	3	3	4	36	Remplacer le circuit imprimé	1h	3	3	4	36
Le contacteur	Mettre en route le poste	Le poste se met en route mais ne permet pas de souder	Câble électrode ou de masser desserré ou coupé	Arrêt de production	3h	2	4	4	32	Refaire le branchement	2h	2	4	4	32

Le poste	Le soudage	Le poste délivre toute sa puissance	Sélecteur de poste de soudage	Soudage non conforme	1h	2	5	4	40	Vérifier régulièrement la position du sélecteur	0 min	2	5	4	40
Le poste	Le soudage	Le poste délivre toute sa puissance	Circuits imprimés de commande ou d'amorçage défectueux	Soudage non conforme	2h	1	5	4	20	Vérifier régulièrement le câblage et les prises des circuits imprimés de commande et d'amorçage	0 min	1	5	4	20
Le poste	Le soudage	Le poste ne délivre pas toute sa puissance	Une phase du transformateur principale est coupée	Soudage non conforme	90 min	2	5	4	40	Vérifier régulièrement les phases du transformateur principal.	0 min	2	5	4	40
Le poste	Le soudage	Le posté délivre une tension aux bornes de sortie, mais s'arrête lors de la mise en route du dévidoir	Court circuit à l'intérieur du poste ou dans les câbles de soudages	Arrêt de production	1h	2	4	4	16	Vérifier régulièrement le réseau électrique et veuillez à ce qu'il y aura court circuit ni à l'intérieur ni à l'extérieur du post	0h	1	1	4	4
Le poste	Le soudage	Le poste ne s'arrête plus	Contacts du contacteur d'alimentation fondus	Arrêt de production	2h	2	4	4	32	Vérifier et remplacer les pièces défectueuses	2h	2	4	4	32
Le poste	Le soudage	Mauvaise caractéristique d'arc quelque soit le procédé	Circuit imprimé de commande défectueux	Arrêt de production	1h	2	4	4	32	Vérifier régulièrement le circuit de commande et remplacer si nécessaire	0 min	2	1	4	8
Le poste	Le soudage	Mauvaise caractéristique d'arc quelque soit le procédé	Circuit imprimé d'amorçage défectueux	Mauvaise qualité de soudage	90 min	1	5	4	20	Vérifier régulièrement le circuit d'amorçage.	0 min	1	5	4	20

Le poste	Le soudage	Mauvaise caractéristique d'arc quelque soit le procédé	Pont redresseur	Mauvaise qualité de soudage	90 min	1	5	4	20	Vérifier régulièrement le pond redresseur et remplacer si nécessaire.	0 min	1	5	4	20
Bouton de réglage	Réglage du poste	Le bouton de réglage du DC1000 n'a aucun effet sur le courant de soudage	Potentiomètre de commande défectueux	Manque d'options	1h	2	3	4	24	Vérifier régulièrement le potentiomètre et remplacer le si nécessaire	0 min	2	1	4	8
Bouton de réglage	Réglage du poste	Le bouton de réglage du DC1000 n'a aucun effet sur le courant de soudage	Inverseur de commande défectueux	Manque d'options	1h	1	3	4	12	Vérifier régulièrement l'inverseur de commande et remplacer le si nécessaire	0 min	1	1	4	4

Potence de soudage:

Feuille d'analyse AMDEC

Fournisseur : Lincoln Electric Systèmes : Potence de soudage	Rédacteur : Groupe-AMDEC Service : Maintenance Date : 21/04/11	AMDEC - Moyen de production

Composant	Fonctions	Modes de défaillance	Causes	Effets	Criticité Indices nominaux					Actions correctives	Criticité Indices finaux				
					TI	F	G	D	C	Actions	TI'	F'	G'	D'	C'
Moteur	Transformer l'énergie électrique en énergie mécanique	Dévidage continu du fil	Circuit défectueux	Arrêt de production	1h	2	3	4	24	Vérifier régulièrement les voyants, Vérifier régulièrement les circuits et remplacer le circuit concerné,	0 min	1	1	4	4
Moteur	Transformer l'énergie électrique en énergie mécanique	Pas de dévidage du fil, ni montée, ni descente	Circuit défectueux	Arrêt de production	2h	3	4	4	48	Vérifier régulièrement les voyants du circuit. Vérifier régulièrement le fusible du circuit de contrôle.	0 min	1	1	4	4
Moteur	Transformer l'énergie électrique en énergie mécanique	Le fil n'avance pas et le disjoncteur déclenche lorsqu'on appuie sur les boutons montée, descente ou amorçage.	Court circuit des bobines d'excitation du moteur,	Arrêt de production	90 min	3	4	4	48	Vérification régulière du réseau électrique avant moteur et du fusible de 0,5 ampères,	0 min	1	1	4	4
Moteur	Transformer l'énergie électrique en le	Le fil n'avance pas et le	Circuit contrôle défectueux,	Arrêt de production	1h	2	3	4	24	Vérification régulière du circuit de contrôle.	0 min	1	1	4	4

Composant	Fonction	Mode de défaillance	Cause	Effet						Action					
énergie mécanique	disjoncteur déclenche lorsqu'on appuie sur les boutons montée, descente ou amorçage.														
Moteur	Transformer l'énergie électrique en énergie mécanique	Le fil monte lorsqu'il devrait descendre et inversement.	La lance et le redresseur du fil ont effectuée une rotation par rapport à l'axe de l'arbre de sortie du réducteur	Arrêt de production	30 min	2	3	4	24	Inverser les fils 626 et 627 venant du moteur sur la plaque à bornes du coffret de contrôle.	15 min	2	2	4	16
Moteur	Transformer l'énergie électrique en énergie mécanique	Le fil se dévide à vitesse sans contrôle.	L'une des cartes est défectueuse	Arrêt de production	1h	3	3	4	36	Vérifier régulièrement l'état du circuit logique et du circuit de commande.	0 min	1	1	4	4
Moteur	Transformer l'énergie électrique en énergie méca.	Le fil se dévide à vitesse sans contrôle.	Déréglage de la vitesse du fil.	Arrêt de production	2h	3	4	4	48	Vérifier régulièrement le réglage de la vitesse du fil	0 min	1	1	4	4
Moteur	Transformer l'énergie électrique en énergie mécanique	Le disjoncteur déclenche lorsque le fil avance.	Moteur d'entrainement du fil est défectueux.	Arrêt de production	90 min	3	4	4	48	Vérifier régulièrement que l'intensité ne dépassa pas les 2 Ampères.	0 min	1	1	4	4
Moteur	Transformer l'énergie électrique en énergie mécanique	Le disjoncteur déclenche lorsque le fil avance.	Circuit de contrôle est défectueux.	Arrêt de production	1h	2	3	4	24	Vérification régulière du circuit de contrôle.	0 min	1	1	4	4
Moteur	Transformer l'énergie électrique en énergie méca.	Le circuit de déplacement ne fonctionne pas	L'interrupteur du déplacement est défectueux	Arrêt de production	90 min	3	4	4	48	Vérification régulière de l'interrupteur.	0 min	1	1	4	4

Élément	Fonction	Description	Cause	Effet					Action					
Moteur	Transformer l'énergie électrique en énergie mécanique	Le circuit de déplacement ne fonctionne pas	Câblage entre l'interrupteur et le chariot est détérioré.	Arrêt de production	1h	2	3	4	24	Vérifier régulièrement le câblage entre l'interrupteur et le chariot.	0 min	1	1	4	4
L'armoire électrique	Commander la potence	Le déplacement fonctionne en automatique mais pas en manuel	Inverseur défectueux	Arrêt de production	90 min	2	4	4	32	Vérification régulière de l'inverseur	90 min	1	1	4	4
L'armoire électrique	Commander la potence	Le soudage ne s'arrête pas lorsqu'on appuie sur le bouton STOP	Bouton défectueux	Arrêt de production	30 min	1	3	4	12	Vérification régulière du bouton STOP. Changer le bouton si nécessaire.	0 min	1	1	4	4
L'armoire électrique	Commander la potence	Le soudage ne s'arrête pas lorsqu'on appuie sur le bouton STOP	Le problème se situe dans les fils allant au bouton STOP	Arrêt de production	1h	2	3	4	24	Contrôler régulièrement l'état des fils allant au bouton STOP.	0 min	1	1	4	4
Générateur	Produire de l'énergie électrique	Pas de tension au générateur.	Câbles débranchés	Arrêt de production	1h	1	3	4	12	Vérifier régulièrement le branchement des câbles électrodes et du câble de contrôle de la source.	0 min	1	1	4	4
Générateur	Produire de l'énergie électrique	Contrôle limité ou irrégulier du générateur pendant le soudage seulement.	Rhéostat R2 du coffret de contrôle est défectueux.	Arrêt de production	30 min	1	3	4	12	Vérification régulière du circuit logique.	0 min	1	1	4	4

ANNEXE 8

Plan de maintenance préventive de l'équipement « CISAILLE GUILLOTINE » :

Plan de maintenance préventive	Section : Débitage (D1)	Désignation Equipement : Code : D110		CISAILLE GUILLOTINE			
Recueil des opérations	**Marche**	**Arrêt**	**Intervenants**	**Durée**	**Périodicité**	**Observations (Notes Méthodes)**
Purger le filtre d'air comprimé.		×	1 Mécanicien	20min	1 mois	- Tourner le robinet dans le sens des aiguilles de la montre.
Vérifier l'état des paliers et des roulements des roues.		×	1 Mécanicien	1 h	2 mois	
Vidanger le graisseur et vérifier l'alimentation en air du graisseur.		×	1 Mécanicien	30 min	2 mois	Huile utilisé : SHELL TELLUS OIL 68.
Inspecter l'état des lames.		×	1 Mécanicien	15 min	3 mois	- Desserrer les raccords d'extrémité des canalisations primaires. - Pomper lentement pour évacuer l'air. - Lorsque que l'huile s'écoule sans bulles d'air, resserrer les raccords en maintenant le levier de la pompe en fin de course.
Purger les deux pompes à commande manuel.	×		1 Mécanicien	30min	3 mois	
Renouveler l'huile du circuit fermé.		×	1 Hydraulicien 1 Mécanicien	2 h	6 mois	20 litres de l'huile SHELL TELLUS OIL 68.

Nettoyer le filtre d'air	×	1 Hydraulicien	1h	1 an	- Nettoyer l'élément filtrant en utilisant l'essence puis sécher le par un jet d'air comprimé. - Nettoyer la cuve du filtre à l'aide de l'essence.
- Remplacer les joints à lèvres des presseurs, les ressorts des presseurs, le joint en cuir. - Vérifier et contrôler l'état du régulateur (filtre, joint torique de valve, partie guide bouchon, tige poussoir de valve, diaphragme)	×	3 Mécaniciens	2 jours	2 ans	- Dévisser le bouchon de valve du régulateur de pression
Contrôler l'état de l'embrayage et ses composantes.	×	2 Mécaniciens	2 h	2 ans	
Contrôler et nettoyer le filtre d'huile.	×	2 Mécaniciens	1 jour	2 ans	

Rédacteur : ALLAOUI & CHERQAOUI   **Date de création : 05/04/2011**   **Mise à jour le : 14/05/2011**

Plan de maintenance préventive de l'équipement « COMPRESSEUR » :

Plan de maintenance préventif	Section : Débitage (D1)		Désignation Equipement : Code : G204			Compresseur KAESER
Recueil des opérations	Marche	Arrêt	Intervenants	Durée	Périodicité	Observations (Notes Méthodes)
- Contrôler le niveau d'huile de refroidissement		×	1 Mécanicien	10 min	1 semaine	- Lorsque l'indicateur de niveau se trouve sur ''niveau d'huile de refoulement mini '', Faire l'appoint d'huile de refroidissement (Voire page 74 document constructeur). - Porter des gants de protection et des vêtements à manches longue.
- Contrôler les nattes filtrantes (option K3, armoire électrique)	×		1 Mécanicien	10 min	1 semaine	*En cas d'accumulation de la poussière sur la natte filtrante :* - Secouer la natte filtrante, Aspirer ou insuffler de l'air comprimé, en cas de besoin, la rincer à l'eau (env 40°) avec un nettoyant ménager. - Couper l'alimentation électrique par le coupe- circuit. - Remplacer la natte filtrante si un nettoyage n'est pas possible ou si elle a déjà nettoyé 5 fois.
- Nettoyer le refroidisseur d'air		×	1 Mécanicien	30 min	1000h	- Brosser le refroidisseur à sec et aspirer les impuretés (Utiliser une brosse & aspirateur), porter un masque respiratoire. - Couper l'alimentation électrique par le coupe- circuit.
- Nettoyer le cartouche du filtre à air.		×	1 Hydraulicien	1h 30min	1500h	- Pistolet à air - Insuffler de l'air comprimé sec

Opération			Intervenant	Durée	Périodicité	Observations
- Changer le cartouche de filtre à air	X		1 Hydraulicien	1h	6000h	(<5 bars !) sur l'intérieur de la cartouche de filtre à air en tenant le jet obliquement. - Couper l'alimentation électrique par le coupe-circuit.
- Changer le filtre à huile	X		1 Hydraulicien	1h	6000h	Réf cartouche : 1250
- Changer la cartouche séparatrice d'huile	X		1 Hydraulicien	1h	3000h	
- Graisser les roulements du moteur (Moto compresseur, Moteur ventilateur)	X		1 Mécanicien	20 min	2000h	- Type de graisse : ESSO UNIREX N3. - Quantité : 10 g de graisse pour chaque roulement. - Utiliser une pompe de graissage. - Porter des vêtements à manches longues et des gants de protection.
- Contrôler l'accouplement		X	1 Mécanicien	30 min	3000h	*Cas machine en marche :* - Contrôler visuellement la marche de l'accouplement en rotation. - Ne jamais mettre la machine en marche sans la grille de protection de l'accouplement. *Cas machine en arrêt :* - Couper l'alimentation électrique. - Dévisser la grille de protection et faire tourner l'accouplement manuellement est s'assurer de l'absence de détérioration et de changement de couleur.
- Vidanger l'huile de refroidissement du réservoir du séparateur d'huile, du refroidisseur, du bloc compresseur, du réservoir d'huile.	X		1 Hydraulicien	2h	6000h	- Type d'huile: SIGMA FLUID PLUS/S-460. - Quantité d'huile : **45 L.** - Porter des vêtements à manches

Opération		Intervenant	Temps	Périodicité	Observations
- Contrôler la fixation de toutes les vis de bornes électriques.	×	1 Electroméc	10 min	1 an	longues et des gants de protection - Voir pages 76-81 du catalogue
- Contrôler la soupape de sécurité	×	1 Electroméc	10 min	1 an	- Faire marcher la machine à une pression de service supérieure à sa pression de déclenchement. - Porter une protection auditive et des lunettes de protection. - Voir page 70 du document constructeur.
- Contrôler l'arrêt automatique en cas de surchauffe.	×	1 Electroméc	10 min	1 an	-La machine doit s'arrêter lorsque la température finale de compression maximale de 110 °C est atteinte.
- Contrôler l'étanchéité des refroidisseurs d'huile et d'air.	×	1 Electroméc	10 min	1 an	- Contrôle visuel
- Changer les roulements du moteur ventilateur. - Contrôler le jeu de roulement moteur.	×	1 Mécanicien	1h	12000h	- 2 roulements à changer.
- Changer les roulements du moteur du compresseur. - Changer l'accouplement. - Changer les tuyaux flexibles. - Contrôler l'état de l'embrayage.	×	2 Mécaniciens	3h	36000h	- 2 roulements à changer. - Un accouplement à changer.

Rédacteur : ALLAOUI & CHERQAOUI **Date de création : 13/04/2011** **Mise à jour le : 16/05/2011**

Plan de maintenance préventive de l'équipement « OXYCOUPEUSE » :

Plan de maintenance préventif	Section : Débitage (D1)		Désignation Equipement : Code : D208			Oxycoupeuse Numérique MESSER
Recueil des opérations	Marche	Arrêt	Intervenants	Durée	Périodicité	Observations (Notes Méthodes)
Contrôler l'état du filtre d'air	x		1 Electroméc	30 min	2 semaines	- Remplacer le filtre quand il est sale.
Vérifier si le tube à eau est endommagé ou tordu.		x	1 Electroméc	30 min	2 semaines	- Démonter et remplacer le tube à eau en utilisant la clé à tube d'eau (027347) fournie par Hypertherm. - Quand on monte le tube d'eau, serrer le à la main mais pas trop.
Nettoyage de l'aspirateur et de son bac de la poussière (N402).		x	Agent de nettoyage	2h	1 mois	
Contrôler l'état de la torche (l'anneau de gaz, l'électrode, Protecteur, Couvercle de retenue).		x	1 Electroméc	1h	3 mois	- Montage, démontage.
Inspectez la console à valve de moteur et la console à haute fréquence à distance		x	2 Electroméc	3h	3 mois	- Examinez l'extérieur pour voir s'il y a des avaries. - Inspectez tous les câbles d'interconnexion, raccords et tuyaux pour voir s'il y a des avaries ou de l'usure. Vérifiez qu'ils n'ont pas de fuites, qu'ils sont bien serrés, mais pas de trop.

Inspecter la source de courant		2 Electroméc	2h	6 mois	- Nettoyer la console à valve de moteur de la poussière à l'aide de l'air comprimé. - Enlevez le couvercle de l'unité et appliquez de l'air comprimé.
	x				- Vérifier l'extérieur à la recherche de dommages. S'il y a des dommages, s'assurer qu'ils n'empêchent pas la source de courant de fonctionner en toute sécurité. - Enlever le capot et inspecter l'intérieur. - Vérifier l'usure et l'état des faisceaux de fils et leurs connexions. Vérifier si les connexions sont desserrées et voir si certaines parties sont décoloré en raison de la surchauffé. - Nettoyer l'unité d'alimentation de la poussière. - Disposer d'un multimètre. - Disposer des clés mixtes. - Disposer des tournevis. - Débrancher la source d'alimentation. - Enlevez le couvercle de

Tâche		Qté	Durée	Fréquence	Remarques
l'unité et appliquez de l'air comprimé.					- 30 litres du liquide de refroidissement.
Vidanger le liquide de refroidissement de la torche de la source de courant et le remplacer par du liquide de refroidissement neuf.	×	1 Electroméc	1h	6 mois	- refroidissement.
Remplacement du filtre à eau.	×	1 Electroméc	30 min	6 mois	- Il faut disposer d'un filtre d'eau en stock. - Nettoyer à l'aide d'une solution de savon doux et d'eau.
Nettoyage de la crépine de la pompe.	×	1 Electroméc	90 min	6 mois	- Enlever la pompe du système avant d'enlever la crépine pour éviter que des débris ne tombent dans le corps de pompe.
Inspectez les câbles de torche.	×	2 Electroméc	2h	12 mois	- Assurez-vous que toutes les connexions sont bien serrées, mais pas trop. - Inspecter les câbles de la torche pour voir s'il y a des crevasses. - Disposer d'un multimètre. - Disposer des clés mixtes. - Disposer des tournevis.
Nettoyage des variateurs de vitesses.	×	2 Electroméc	30 min	3 mois	Nettoyage à l'aide de l'air comprimé
Remplacement des roulements.	×	2 Electromec	5h	12 mois	- Disposer des roulements en stock.

Rédacteur : ALLAOUI & CHERQAOUI   **Date de création : 23/03/2011**   **Mise à jour le : 14/05/2011**

Plan de maintenance préventive de l'équipement « PRESSE PLIEUSE » :

Plan de maintenance préventif	Section : Débitage (D1)			Désignation Equipement : Code : F201			PRESSE PLIEUSE COLLY
Recueil des opérations	Marche	Arrêt	Intervenants	Durée	Périodicité		Observations (Notes Méthodes)
- Vérification de l'étanchéité de l'ensemble pompe–circuit et resserrer les vis à six pans creux de la culasse.	×		1 Hydraulicien	15 min	1 mois		- Contrôle visuel. - Utilisation des clés.
- Inspecter l'état de l'armoire électrique.		×	1 électricien	30 min	2 mois		- Disposer d'un multimètre.
- Nettoyer la machine de l'intérieure des corps étrangers.		×	1 Hydraulicien	1h	2 mois		- Desserrer complètement le volant rep103 ou la vis rep81 puis mettre La pompe en route pour éliminer les corps étranger.
			1 Mécanicien	1h	6 mois		- Faire descendre le coulisseau au point mort bas. - Mesurer aux deux extrémités de la presse la distance entre table et coulisseau; cette mesure doit être effectuée avec un instrument de précision (micromètre ou comparateur). Le seuil est 25 % de décalage entre les deux cotes. - Pour établir le parallélisme, la table doit être déplacée de bas en haut de 25 % de cote supérieure, pour cela débloquer la vis et l'écrou de la table coté cote supérieure. - Visser la vis coté cote supérieure. Contrôler le déplacement à l'aide d'un comparateur.
- Vérifier le réglage du parallélisme table-coulisseau.		×					

240

Travaux		Personnel	Durée	Périodicité	Références / Observations
- Vidanger l'huile. - Nettoyer le réservoir. - Nettoyer le filtre à l'aspiration à l'aide de l'essence. - Vérifier si tous les raccords sont bloqués. - Effectuer le remplissage d'huile neuve.		1 Hydraulicien 1 Mécanicien	1 jr	2400 h	- Vérifier à nouveau le réglage. Corriger si nécessaire. - Référence huile : SHELL TELLUS OIL 68 - Essence. - Chiffons.
- Purger la pompe. - Vérifier l'état de toutes les pièces et l'élasticité du ressort des clapets d'aspiration, les nettoyer à l'essence et les sécher à l'aire comprimée. - Nettoyer et contrôler le distributeur.	×				
- Vidanger l'huile et effectuer le remplissage d'huile neuve.	×	1 Hydraulicien	2 h	300 h	- Référence huile : SHELL TELLUS OIL 68.
- Changer les 6 joints à lèvres. - Changer les 2 joints toriques. - Changer les 2 chasses poussière.	×	2 Mécaniciens	1 jr	5 ans	- Référence des joints à lèvres : 279-100.
Rédacteur : ALLAOUI & CHERQAOUI		**Date de création : 30/03/2011**			**Mise à jour le : 31/03/2011**

Plan de maintenance préventive de l'équipement « PONT ROULANT » :

Plan de maintenance préventive	Section : Débitage (D1)		Désignation Equipement : PONT ROULANT Code : T718				
Recueil des opérations	Marche	Arrêt	Intervenants	Durée	Périodicité	Observations (Notes Méthodes)	
- Contrôler le câble de levage s'il y a des endommagements ou ruptures des fils et s'assurer que le câble repose bien dans les poulies de mouflage. - Vérifier le fonctionnement des freins, régler les freins si la charge glisse. - Vérifier le fonctionnement de l'interrupteur de fin de course.	x		1 Mécanicien	15 min	1 jour	- Contrôler visuellement et mesurer le diamètre du câble à l'aide du pied à coulisse. - Remplacer immédiatement les câbles en cas de rupture d'un toron, torsion (ouverture du câble), Coinçage, pliage, forte usure, forte oxydation (dépôt de rouille)	
- Contrôle de l'état du bouton d'arrêt d'urgence de la boîte à boutons.	x		1 Electricien	5 min	1 jour	- Contrôle manuelle en s'appuyant sur le bouton d'arrêt d'urgence	
- Graissage régulier du câble de levage et son enrouleur et le tambour		x	1 Mécanicien	15 min	3 mois	- La nouvelle couche de graisse ne doit pas être épaisse - Graisse spéciale DG67	
- Vérifier l'assemblage (Vis, Soudures etc) chariot		x	1 mécanicien	1h	3 mois		

Opération		Personnel	Durée	Périodicité	Observations
- Vérifier tous les butoirs sur la voie	x	1 mécanicien	1h	3 mois	
- Vérifier les lignes d'alimentation (ligne principale, ligne transversale du chariot et, dans le cas de lignes d'alimentation par trolleys ou garnie protégée, les galets de roulement des chariots collecteurs).	x	1 Electricien	1h	3 mois	- Utilisations des clés.
- Contrôler si la réglette de l'interrupteur de fin de course coulisse facilement.	x	1 Electricien	30 min	3 mois	- Desserrer les raccords d'extrémité des canalisations primaires. - Pomper lentement pour évacuer l'air. - Lorsque que l'huile s'écoule sans bulles d'air, resserrer les raccords en maintenant le levier de la pompe en fin de course.
- Vérifier le réglage des butées de fin de course.	x	1 Mécanicien	15 min	6 mois	- Après le réglage, bloquer le vis d'arrêt des butées
- Changement du chariot collecteur électrique.	x	2 Electricien	3 h	6 mois	- Nouveau chariot collecteur - Tournevis - Multimètre - Clé mixte 13
- Vérifier s'il n'y a pas de fêlures et de déformations sur le crochet.	x	1 Mécanicien	10 min	1 an	- Utilisé un mètre
- Vérifier le fonctionnement silencieux du pont roulant et des réducteurs de levage et de translation du chariot.	x	1 Mécanicien	1h	1 an	

Tâche			Personnel	Durée	Périodicité	Remarques
- Vérifier les mécanismes de translation, spécialement l'état des joues des galets et les joints des roulements.	×	×	2 Mécanicien	2h	1 an	
- Nettoyer et huiler la tringlerie de fin de course.		×	1 Mécanicien	30min	1 an	- Graisse
- Contrôler l'état de l'installation KBK.		×	1 Electricien	15 min	1 an	- L'installation KBK doit être bien alignée

Rédacteur : ALLAOUI & CHERQAOUI   **Date de création : 13/04/2011**   **Mise à jour le : 03/05/2011**

Plan de maintenance préventive de l'équipement « Potence de soudage » :

Plan de maintenance préventif	Section : Chaudronnerie(C1)	Désignation Equipement : Potence de soudage Code : CS407					
Recueil des opérations	Marche	Arrêt	Intervenants	Durée	Périodicité	Observations (Notes Méthodes)
Contrôler l'état des contacteurs de fin de course		x	1 Electricien	20 min	1 mois	
Contrôler l'état du câblage des fils électriques dans l'armoire électrique		x	1 Electricien	15 min	1 mois	-Isoler la machine de la source de courant. -Vérifier s'il y a des fils déformé a cause la surchauffe.
Contrôler l'état de la tuyauterie de l'air comprimé.	x		1 Mécanicien	5 min	1 mois	Contrôle visuel
Vérifier le circuit électrique entrant au poste de soudage idealarc1000 et faire nettoyer ce poste		x	1 Electricien	20 min	3 mois	Utiliser l'air comprimé dans le nettoyage
Nettoyer les moteurs de translation de la poussière		x	1 Electricien	20 min	3 mois	Utiliser l'air comprimé
Vérifier le branchement des cartes électrique dans le poste de soudage		x	1 Electricien	5 min	3 mois	
Contrôler l'état du réseau électrique avant moteur d'entrainement du fil de soudage		x	1 Electricien	20 min	3 mois	Utiliser un multimètre

245

Contrôler l'état de l'inverseur de commande du poste de soudage	×	1 Electricien	15 min	6 mois	
Vérifier le réglage des galets de guidage.	×	1 Mécanicien	15 min	6 mois	
Contrôler l'état des fils allant au bouton STOP	×	1 Electricien	20 min	1 an	Utiliser un multimètre
Contrôler l'état du pond redresseur du poste de soudage	×	1 Electricien	15 min	1 an	

Rédacteur : **ALLAOUI & CHERQAOUI**   **Date de création : 22/04/2011**   **Mise à jour le : 23/05/2011**

ANNEXE 9

Après la réalisation de notre étude les réponses de l'audit de maintenance sont comme suivant :

Gestion des équipements					
Affirmations concernant la gestion des équipements	Vraie	Plutôt Vraie	Plutôt fausse	Fausse	Sans objet
On a un inventaire par emplacement, ligne... des équipements	X				
Cet inventaire est tenu à jour (modifications, suppressions, ajouts...)	X				
Il existe une codification qui découpe les équipements jusqu'à la pièce de rechange			X		
Pour chaque équipement, on connaît les conditions de bon fonctionnement				X	
Pour chaque équipement, on connaît les conditions d'intervention				X	
Pour chaque équipement, on connaît les pièces de rechange nécessaires		X			
Pour chaque équipement, on connaît les outillages nécessaires		X			
Pour chaque équipement, on possède l'historique des travaux	X				
Les codes (équipements / sous-ensembles / pièces) sont facilement visibles	X				
Pour chaque équipement, on possède les plans et schémas à jour			X		
Il est possible de retrouver rapidement les interventions réalisées sur un équipement	X				
Pour chaque équipement, on connaît le degré d'urgence de réparation	X				
Les historiques sont analysés au moins une fois par an	X				
Chaque équipement possède un numéro d'identification unique	X				
Chaque équipement possède un dossier technique	X				

Tableau 57 : Résultat de l'audit maintenance après amélioration - Gestion des équipements -.

Maintenance de 1ér niveau					
Affirmations concernant la Maintenance de 1ér niveau	Vraie	Plutôt Vraie	Plutôt fausse	Fausse	Sans objet
On utilise des fiches formalisant les opérations de premier pour chaque équipement important	X				
Il existe un moyen connu de déclenchement des opérations	X				
On utilise des fiches de suivi des interventions de premier niveau	X				
On a un moyen de saisie ou d'enregistrement des anomalies détectées lors d'une intervention				X	
Les interventions de premier niveau sont planifiées	X				
Le suivi des opérations de premier niveau est régulièrement mis à jour	X				
Il existe un historique tenant compte de l'activité des machines et des appoints en lubrifiants				X	
Il existe une nomenclature et un suivi des produits de maintenance de 1° niveau				X	

Tableau 58 : Résultat de l'audit maintenance après amélioration – Maintenance de 1ᵉʳ niveau -.

Gestion des stocks et des pièces de rechange					
Affirmations concernant la Gestion des stocks et des pièces de rechange	Vraie	Plutôt Vraie	Plutôt fausse	Fausse	Sans objet
On utilise une procédure formalisée pour les Demandes d'Achat (DA)	X				
Les articles stockés sont codifiés					X
Il existe des fiches techniques pour chaque pièce et rechange spécifique				X	
Les pièces obsolètes sont éliminées si besoin					X
Le niveau du stock et sa valeur sont connus par le service maintenance				X	
Les pièces sont correctement rangées, identifiées et localisées dans un magasin	X				
Pour chaque pièce stockée, on connaît le(s) fournisseur(s)	X				
Pour chaque pièce, on connaît le délai d'approvisionnement		X			
Les pièces interchangeables (standards) sont connues et identifiées			X		
La maintenance possède son magasin				X	
Les pièces rapidement livrables sont disponibles chez nos fournisseurs	X				
Il existe une gestion formalisée des entrées / sorties magasin	X				
Le seuil de sécurité, ou de réapprovisionnement du stock est défini (pour pièces critiques)				X	
Les consommations sont analysées				X	

Tableau 59 : Résultat de l'audit maintenance après amélioration - Gestion des stocks et des pièces de rechange.

249

Gestion des travaux					
Affirmations concernant la Gestion des travaux	Vraie	Plutôt Vraie	Plutôt fausse	Fausse	Sans objet
On sait hiérarchiser les appels à la maintenance en fonction de l'importance de l'équipement	X				
Il existe un moyen connu de déclenchement des interventions de type DI / OT / BT	X				
Les DI sont suivies (enregistrement, choix, ventilation, planification)	X				
Un compte-rendu est établi après chaque intervention (RI)	X				
Une structure travaux neufs est en place				X	
Il existe une gestion des différents travaux correctifs, préventifs...	X				
Il existe une structure d'appel et de suivi des travaux sous-traités ou co-traités	X				
Les contraintes de la production sont prises en compte dans la gestion des travaux	X				
Il existe des gammes opératoires pour les travaux complexes				X	
Les consignes de sécurité à respecter sont données sur les BT ou documents spécifiques	X				
Il existe un moyen connu de gestion des priorités pour le déclenchement des DI	X				
Les OT / BT / RI sont classés et archivés suivant chaque équipement	X				

Tableau 60 : Résultat de l'audit maintenance après amélioration - Gestion des travaux -.

Analyse F.M.D.S					
Affirmations concernant l'Analyse F.M.D.S	Vraie	Plutôt Vraie	Plutôt fausse	Fausse	Sans objet
Il existe une structure et un formalisme pour enregistrer les informations	X				
Chaque intervention est classée et archivée	X				
Chaque intervention est analysée (coûts, temps, ...)	X				
Les analyses sont compilées afin de réaliser des indicateurs et/ou un tableau de bord	X				
Pour les équipements principaux, on connait un indicateur de bon fonctionnement	X				
Pour les équipements principaux, on connait un indicateur de temps d'intervention	X				
Pour les équipements principaux, on connait un indicateur de disponibilité	X				
Pour les équipements principaux, on connait les conditions d'intervention			X		
On dispose de matériel pour faire de la maintenance conditionnelle (ou prévisionnelle)				X	
Les performances sont suivies (par équipement, par machine, par ...)	X				
On possède l'historique des travaux pour chaque équipement	X				
Les historiques sont analysés au moins une fois par an	X				
L'efficacité de la fonction maintenance est contrôlée	X				

Tableau 61 : Résultat de l'audit maintenance après amélioration - Analyse FMDS -.

Analyse des couts					
Affirmations concernant l'Analyse des couts	Vraie	Plutôt Vraie	Plutôt fausse	Fausse	Sans objet
La maintenance gère son budget				X	
On peut connaître rapidement la situation budgétaire de la maintenance				X	
Le budget est ventilé par type de maintenance				X	
La comptabilité du service suit l'évolution des coûts budgétisés, engagés, réalisés				X	
La ventilation des coûts se fait par nature (biens, lignes...), par type d'intervention, par destination				X	
Le service maintenance est autonome pour les achats en-dessous d'un coût plafond	X				
Il existe une gestion des interventions externes (sous-traitance, co-traitance...)	X				
La valeur du stock des pièces de rechange est parfaitement connue			X		
Pour les équipements principaux, on connaît les coûts de maintenance	X				
Les résultats de l'activité maintenance, en terme de coûts, sont affichés et visibles par tous	X				

Tableau 62 : Résultat de l'audit maintenance après amélioration - Analyses des coûts -.

Base de données					
Affirmations concernant la Base de données	Vraie	Plutôt Vraie	Plutôt fausse	Fausse	Sans objet
On enregistre l'avancement des travaux pour les interventions longues et importantes				X	
Il existe une base de données fournisseurs (coûts, qualité, délais...)					X
Il existe une méthode d'archivage adaptée et suffisante	X				
Un tableau de bord est édité régulièrement	X				
On dispose d'outils informatiques pour gérer l'activité	X				
On peut consulter l'historique des travaux pour chaque équipement	X				
Un dossier technique est archivé et tenu à jour pour les équipements principaux	X				
Pour chaque équipement, on possède les plans et schémas à jour	X				
Les catalogues fournisseurs et les documentations techniques sont facilement accessibles	X				

Tableau 63 : Résultat de l'audit maintenance après amélioration - Base de données -.

Planification-Prévention					
Affirmations concernant la planification	Vraie	Plutôt Vraie	Plutôt fausse	Fausse	Sans objet
La planification est réalisée suivant la disponibilité des équipements, du Plan de Production	X				
La planification est réalisée suivant la disponibilité des ressources humaines	X				
La planification est réalisée suivant la disponibilité des outillages et pièces	X				
On sait affecter les ressources en fonction des besoins (temps, procédures, outillages...)	X				
Les interventions préventives sont planifiées	X				
La charge de travail à effectuer est maîtrisée	X				
On émet régulièrement un rapport d'activité de la charge (planifié, en-cours, réalisé)	X				
Le suivi et l'adaptation des actions préventives est assuré par une personne du service	X				
Il existe un planning hebdomadaire de lancement des travaux (neufs, correctifs, d'amélioration,...)				X	
Les interventions externes (co-traitance) sont gérées, préparées...	X				
On visualise facilement l'état d'avancement des travaux				X	
Il existe un moyen de choisir le(s) intervenant(s) le(s) plus adapté(s) à l'intervention	X				

Tableau 64 : Résultat de l'audit maintenance après amélioration - Planification-Prévention -.